计算机基础与实训教材系列

中文版

Flash CS6动画制作

实用教程

梁栋 编著

清华大学出版社

北 京

内 容 简 介

本书由浅入深、循序渐进地介绍了 Adobe 公司最新推出的网页动画制作软件——中文版 Flash CS6。全书共分 12 章，分别介绍 Flash 动画的基础入门，绘制 Flash 图形，编辑和修改 Flash 图形，创建和编辑 Flash 文本，元件、实例和库的应用，多媒体元素的应用，时间轴、帧和图层的应用，制作常用 Flash 动画，制作 ActionScript 动画，插入 Flash 组件，后期影片处理等内容。最后一章还介绍了综合实例应用，用于提高和拓宽读者对 Flash CS6 操作的掌握与应用。

本书内容丰富，结构清晰，语言简练，图文并茂，具有很强的实用性和可操作性，是一本适合于大中专院校、职业学校及各类社会培训学校的优秀教材，也是广大初、中级计算机用户的自学参考书。

本书对应的电子教案、实例源文件和习题答案可以到 http://www.tupwk.com.cn/edu 网站下载。

图书在版编目(CIP)数据

中文版 Flash CS6 动画制作实用教程 / 梁栋 编著.—北京：清华大学出版社，2014 （2021.8 重印）
(计算机基础与实训教材系列)

ISBN 978-7-302-35105-4

Ⅰ.①中… Ⅱ.①梁… Ⅲ.①动画制作软件—教材 Ⅳ.①TP391.41

中国版本图书馆 CIP 数据核字(2014)第 009164 号

责任编辑：胡辰浩　袁建华
装帧设计：牛艳敏
责任校对：成凤进
责任印制：杨　艳

出版发行：清华大学出版社
　　　　网　　　址：http://www.tup.com.cn，http://www.wqbook.com
　　　　地　　　址：北京清华大学学研大厦 A 座　　　　邮　　　编：100084
　　　　社 总 机：010-62770175　　　　邮　　　购：010-62786544
　　　　投稿与读者服务：010-62776969，c-service@tup.tsinghua.edu.cn
　　　　质 量 反 馈：010-62772015，zhiliang@tup.tsinghua.edu.cn
　　　　课 件 下 载：http://www.tup.com.cn,010-62794504
印 装 者：北京富博印刷有限公司
经　　销：全国新华书店
开　　本：190mm×260mm　　　　印　　张：19.25　　　　字　　数：505 千字
版　　次：2014 年 2 月第 1 版　　　　印　　次：2021 年 8 月第 7 次印刷
定　　价：68.00 元

产品编号：048978-03

编审委员会

计算机已经广泛应用于现代社会的各个领域，熟练使用计算机已经成为人们必备的技能之一。因此，如何快速地掌握计算机知识和使用技术，并应用于现实生活和实际工作中，已成为新世纪人才迫切需要解决的问题。

为适应这种需求，各类高等院校、高职高专、中职中专、培训学校都开设了计算机专业的课程，同时也将非计算机专业学生的计算机知识和技能教育纳入教学计划，并陆续出台了相应的教学大纲。基于以上因素，清华大学出版社组织一线教学精英编写了这套"计算机基础与实训教材系列"丛书，以满足大中专院校、职业院校及各类社会培训学校的教学需要。

一、丛书书目

本套教材涵盖了计算机各个应用领域，包括计算机硬件知识、操作系统、数据库、编程语言、文字录入和排版、办公软件、计算机网络、图形图像、三维动画、网页制作以及多媒体制作等。众多的图书品种可以满足各类院校相关课程设置的需要。

⊙　已出版的图书书目

《计算机基础实用教程(第二版)》	《中文版 Office 2007 实用教程》
《计算机基础实用教程(Windows 7+Office 2010 版)》	《中文版 Word 2007 文档处理实用教程》
《电脑入门实用教程(第二版)》	《中文版 Excel 2007 电子表格实用教程》
《电脑入门实用教程(Windows 7+Office 2010)》	《Excel 财务会计实战应用（第二版）》
《电脑办公自动化实用教程（第二版）》	《中文版 PowerPoint 2007 幻灯片制作实用教程》
《计算机组装与维护实用教程（第二版）》	《中文版 Access 2007 数据库应用实例教程》
《中文版 Word 2003 文档处理实用教程》	《中文版 Project 2007 实用教程》
《中文版 PowerPoint 2003 幻灯片制作实用教程》	《中文版 Office 2010 实用教程》
《中文版 Excel 2003 电子表格实用教程》	《中文版 Word 2010 文档处理实用教程》
《中文版 Access 2003 数据库应用实用教程》	《中文版 Excel 2010 电子表格实用教程》
《中文版 Project 2003 实用教程》	《中文版 PowerPoint 2010 幻灯片制作实用教程》
《中文版 Office 2003 实用教程》	《Access 2010 数据库应用基础教程》
《中文版 Word 2010 文档处理实用教程》	《中文版 Access 2010 数据库应用实例教程》
《中文版 Excel 2010 电子表格实用教程》	《中文版 Project 2010 实用教程》
《计算机网络技术实用教程》	《Word+Excel+PowerPoint 2010 实用教程》
《中文版 AutoCAD 2012 实用教程》	《中文版 AutoCAD 2013 实用教程》

《AutoCAD 2014 中文版基础教程》	《中文版 AutoCAD 2014 实用教程》
《中文版 Photoshop CS5 图像处理实用教程》	《中文版 Photoshop CS6 图像处理实用教程》
《中文版 Dreamweaver CS5 网页制作实用教程》	《中文版 Dreamweaver CS6 网页制作实用教程》
《中文版 Flash CS5 动画制作实用教程》	《中文版 Flash CS6 动画制作实用教程》
《中文版 Illustrator CS5 平面设计实用教程》	《中文版 Illustrator CS6 平面设计实用教程》
《中文版 InDesign CS5 实用教程》	《中文版 InDesign CS6 实用教程》
《中文版 CorelDRAW X5 平面设计实用教程》	《中文版 CorelDRAW X6 平面设计实用教程》
《网页设计与制作(Dreamweaver+Flash+Photoshop)》	《Mastercam X5 实用教程》
《ASP.NET 3.5 动态网站开发实用教程》	《Mastercam X6 实用教程》
《ASP.NET 4.0 动态网站开发实用教程》	《多媒体技术及应用》
《Java 程序设计实用教程》	《中文版 Premiere Pro CS4 多媒体制作实用教程》
《C#程序设计实用教程》	《中文版 Premiere Pro CS5 多媒体制作实用教程 》
《SQL Server 2008 数据库应用实用教程》	

二、丛书特色

1. 选题新颖，策划周全——为计算机教学量身打造

本套丛书注重理论知识与实践操作的紧密结合，同时突出上机操作环节。丛书作者均为各大院校的教学专家和业界精英，他们熟悉教学内容的编排，深谙学生的需求和接受能力，并将这种教学理念充分融入本套教材的编写中。

本套丛书全面贯彻"理论→实例→上机→习题"4 阶段教学模式，在内容选择、结构安排上更加符合读者的认知习惯，从而达到老师易教、学生易学的目的。

2. 教学结构科学合理，循序渐进——完全掌握"教学"与"自学"两种模式

本套丛书完全以大中专院校、职业院校及各类社会培训学校的教学需要为出发点，紧密结合学科的教学特点，由浅入深地安排章节内容，循序渐进地完成各种复杂知识的讲解，使学生能够一学就会、即学即用。

对教师而言，本套丛书根据实际教学情况安排好课时，提前组织好课前备课内容，使课堂教学过程更加条理化，同时方便学生学习，让学生在学习完后有例可学、有题可练；对自学者而言，可以按照本书的章节安排逐步学习。

3. 内容丰富、学习目标明确——全面提升"知识"与"能力"

本套丛书内容丰富，信息量大，章节结构完全按照教学大纲的要求来安排，并细化了每一

章内容，符合教学需要和计算机用户的学习习惯。在每章的开始，列出了学习目标和本章重点，便于教师和学生提纲挈领地掌握本章知识点，每章的最后还附带有上机练习和习题两部分内容，教师可以参照上机练习，实时指导学生进行上机操作，使学生及时巩固所学的知识。自学者也可以按照上机练习内容进行自我训练，快速掌握相关知识。

4. 实例精彩实用，讲解细致透彻——全方位解决实际遇到的问题

本套丛书精心安排了大量实例讲解，每个实例解决一个问题或是介绍一项技巧，以便读者在最短的时间内掌握计算机应用的操作方法，从而能够顺利解决实践工作中的问题。

范例讲解语言通俗易懂，通过添加大量的"提示"和"知识点"的方式突出重要知识点，以便加深读者对关键技术和理论知识的印象，使读者轻松领悟每一个范例的精髓所在，提高读者的思考能力和分析能力，同时也加强了读者的综合应用能力。

5. 版式简洁大方，排版紧凑，标注清晰明确——打造一个轻松阅读的环境

本套丛书的版式简洁、大方，合理安排图与文字的占用空间，对于标题、正文、提示和知识点等都设计了醒目的字体符号，读者阅读起来会感到轻松愉快。

三、读者定位

本丛书为所有从事计算机教学的老师和自学人员而编写，是一套适合于大中专院校、职业院校及各类社会培训学校的优秀教材，也可作为计算机初、中级用户和计算机爱好者学习计算机知识的自学参考书。

四、周到体贴的售后服务

为了方便教学，本套丛书提供精心制作的 PowerPoint 教学课件(即电子教案)、素材、源文件、习题答案等相关内容，可在网站上免费下载，也可发送电子邮件至 wkservice@vip.163.com 索取。

此外，如果读者在使用本系列图书的过程中遇到疑惑或困难，可以在丛书支持网站(http://www.tupwk.com.cn/edu)的互动论坛上留言，本丛书的作者或技术编辑会及时提供相应的技术支持。咨询电话：010-62796045。

中文版 Flash CS6 是 Adobe 公司最新推出的专业化网页动画制作软件，目前正广泛应用于美术设计、网页制作、多媒体软件及教学光盘等诸多领域。新版本的 Flash CS6 在原有版本的基础上进行了诸多功能改进，增强了 Flash 视频与编码技术，以便制作更丰富多彩的网络 Flash 动画。

本书从教学实际需求出发，合理安排知识结构，从零开始、由浅入深、循序渐进地讲解 Flash CS6 的基本知识和使用方法，全书共分为 12 章，主要内容如下。

第 1 章介绍了 Flash CS6 动画的基础知识，以及 Flash CS6 的界面和基本操作。

第 2 章介绍了绘制 Flash 图形的操作，以及各种绘图工具和辅助工具的使用方法。

第 3 章介绍了编辑和修改 Flash 图形的操作方法。

第 4 章介绍了编辑和处理 Flash 文本的操作方法。

第 5 章介绍了元件、实例和库的使用方法。

第 6 章介绍了使用多种方法在动画中添加声音和视频，创建多媒体动画。

第 7 章介绍了时间轴、帧和图层的基本操作，以及简单的逐帧动画制作。

第 8 章介绍了制作常用 Flash 动画的操作方法，如形状补间动画、反向运动动画、多场景动画等。

第 9 章介绍了使用脚本语言制作 ActionScript 动画的操作方法。

第 10 章介绍了 Flash CS6 中使用 UI 和视频组件的操作方法。

第 11 章介绍了测试影片、导出影片以及发布影片的操作方法和常用技巧。

第 12 章介绍了几个 Flash 动画综合实例，帮助用户巩固本书所学内容。

本书图文并茂，条理清晰，通俗易懂，内容丰富，在讲解每个知识点时都配有相应的实例，方便读者上机实践。同时在难于理解和掌握的部分内容上给出相关提示，让读者能够快速地提高操作技能。此外，本书还配有大量综合实例和练习，让读者在不断的实际操作中更加牢固地掌握书中讲解的内容。

除封面署名的作者外，参加本书编写的人员还有陈笑、曹小震、高娟妮、李亮辉、洪妍、孔祥亮、陈跃华、杜思明、熊晓磊、曹汉鸣、陶晓云、王通、方峻、李小凤、曹晓松、蒋晓冬、邱培强等。由于作者水平所限，本书难免有不足之处，欢迎广大读者批评指正。我们的邮箱是 huchenhao@263.net，电话是 010-62796045。

作 者
2013 年 10 月

推荐课时安排

章　名	重点掌握内容	教学课时
第 1 章　初识 Flash CS6 动画	1. 了解 Flash 动画的基础知识 2. 认识 Flash CS6 的工作界面 3. 学习 Flash 文档的基本操作	2 学时
第 2 章　绘制 Flash 图形	1. 认识 Flash 中的图形类型和色彩模式 2. 使用自由绘制工具 3. 使用标准绘图工具 4. 使用填充工具 5. 使用选择和查看工具	3 学时
第 3 章　编辑和修改 Flash 图形	1. 编辑图形 2. 变形图形 3. 调整图形颜色 4. 使用 3D 工具	3 学时
第 4 章　创建和编辑 Flash 文本	1. 创建 Flash 文本 2. 设置文本样式 3. 编辑 Flash 文本 4. Flash 文本流动	2 学时
第 5 章　元件、实例和库的应用	1. 使用元件 2. 使用实例 3. 使用库	2 学时
第 6 章　多媒体元素的应用	1. 导入外部位图 2. 导入其他图形格式 3. 导入影音媒体文件	2 学时
第 7 章　时间轴、帧和图层的应用	1. 帧的操作 2. 制作逐帧动画 3. 图层的操作	3 学时
第 8 章　制作常用 Flash 动画	1. 制作形状补间动画 2. 制作传统补间动画 3. 制作补间动画 4. 制作引导层动画 5. 制作遮罩层动画 6. 制作多场景动画 7. 制作反向运动动画	4 学时

(续表)

章 名	重 点 掌 握 内 容	教 学 课 时
第 9 章 制作 ActionScript 动画	1. 认识 ActionScript 语言基础 2. 添加代码 3. 使用 ActionScript 常用语句 4. 处理对象 5. 使用类和数组	4 学时
第 10 章 插入 Flash 组件	1. 认识组件类型 2. 常用 UI 组件应用 3. 视频类组件应用	2 学时
第 11 章 Flash 影片后期处理	1. 测试影片 2. 优化影片 3. 发布影片 4. 导出影片和图像	2 学时
第 12 章 Flash 综合实例应用	1. 制作 3D 旋转相册 2. 制作云朵飘动效果 3. 制作电子音乐贺卡 4. 制作放大镜效果 5. 制作光盘界面 6. 制作全景图片 7. 制作 Flash 小游戏	2 学时

注：1. 教学课时安排仅供参考，授课教师可根据情况作调整。

2. 建议每章安排与教学课时相同时间的上机练习。

计算机基础与实训教材系列

计算机 基础与实训教材系列

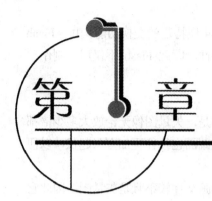

第**1**章

初识 Flash CS6 动画

学习目标

　　Flash 是 Adobe 公司的一款多媒体矢量动画软件，在互联网、多媒体课件制作以及游戏软件制作等领域得到了广泛应用。Flash CS6 是最新 Flash 动画制作软件版本，它相比之前的版本在功能上进行了很多有效的改进与拓展。本章将主要介绍 Flash 动画的特点及应用领域，以及 Flash CS6 的新增功能和工作界面等内容。

本章重点

- ⊙ Flash 动画应用
- ⊙ Flash CS6 新增功能
- ⊙ Flash CS6 工作界面
- ⊙ Flash CS6 文档操作

1.1　Flash 动画制作简介

　　Flash 动画是一种以 Web 应用为主的二维动画形式，它不仅可以通过文字、图片、视频以及声音等综合手段展现动画意图，还可以通过强大的交互功能实现与观众之间的互动。

1.1.1　Flash 动画概念

　　Flash 动画是目前非常流行的二维动画制作软件之一，它是矢量图编辑和动画创作的专业软件，能将矢量图、位图、音频、动画和深层的交互动作有机、灵活地结合在一起，创建美观、新奇、交互性强的动画。

Flash 还可以通过为动画添加 ActionScript 动作脚本，使其实现特定的交换功能。由于 Flash 动画具有以流媒体方式进行播放，以及文件格式比较短小的特性，因此 Flash 不仅用于制作动画、游戏等，还广泛用于制作动态效果网页。

Flash 动画的特点主要归纳为以下几点。

- Flash 动画可使用矢量绘图。有别于普通位图图像的是，矢量图像无论放大多少倍都不会失真，因此 Flash 动画的灵活性较强，其情节和画面也往往更加夸张起伏，以便在最短的时间内传达出最深的感受。
- Flash 动画拥有强大的网络传播能力。由于 Flash 动画文件较小且是矢量图，因此它的网络传输速度优于其他动画文件，而其采用的流式播放技术，更可以使用户以边看边下载的模式欣赏动画，从而大大减少了下载等待时间。
- Flash 动画具有交互性，能更好地满足用户的需要。设计者可以在动画中加入滚动条、复选框、下拉菜单等各种交互组件，使观看者可以通过单击、选择等动作决定动画运行过程和结果，这一点是传统动画所无法比拟的。
- Flash 动画制作成本低，效率高。使用 Flash 制作动画在减少了大量人力和物力资源消耗的同时，也极大地缩短了制作时间。并且，Flash 动画拥有崭新的视觉效果。Flash 动画比传统的动画更加简易和灵巧，已经逐渐成为一种新兴的艺术表现形式。
- Flash 动画在制作完成后可以把生成的文件设置成带保护的格式，这样就维护了设计者的版权利益。

1.1.2 Flash 动画应用领域

随着 Internet 网络的不断推广，Flash 动画被延伸到了多个领域。不仅可以在浏览器中观看，还具有在独立的播放器中播放的特性，大部分多媒体光盘也使用 Flash 制作。

Flash 动画凭借生成文件小、动画画质清晰、播放速度流畅等特点，在以下诸多领域中都得到了广泛的应用。

1. 制作多媒体动画

Flash 动画的流行正是源于网络，其诙谐幽默的演绎风格吸引了大量的网络观众。另外，Flash 动画比传统的 GIF 动画文件要小很多，在网络带宽局限的条件下，它要更适合网络传输。如图 1-1 所示即为使用 Flash 制作的多媒体动画短片。

2. 制作 Flash 游戏

Flash 动画有别于传统动画的重要特征之一在于其互动性，观众可以在一定程度上参与或控制 Flash 动画的进行，该功能得益于 Flash 拥有较强的 ActionScript 动态脚本编程语言。ActionScript 编程语言发展到 3.0 版本，其性能更强、灵活性更大、执行速度更快，从而用户可以利用 Flash 制作出各种有趣的 Flash 游戏。如图 1-2 所示即为使用 Flash 制作的游戏。

图 1-1　多媒体动画

图 1-2　Flash 游戏

3. 制作教学课件

为了摆脱传统的文字式枯燥教学，远程网络教育对多媒体课件的要求非常高。一个基础的课件需要将教学内容播放成为动态影像，或者播放教师的讲解录音；而复杂的课件更是在互动性方面有着更高的要求，它需要学生通过课件融入到教学内容中。利用 Flash 制作的教学课件，能够很好地满足这些需求。如图 1-3 所示即为一个语文课用的 Flash 教学课件，学生可以通过操作控制课文的讲解。

4. Flash 电子贺卡

Flash 贺卡是人们交流感情的重要方式之一，对于沟通有着积极意义。如图 1-4 所示即为使用 Flash 制作的端午节贺卡。

图 1-3　制作课件

图 1-4　电子贺卡

5. 制作网站动态元素

广告是大多数网站的收入来源，Flash 在网站广告方面必不可少，任意打开一个门户网站，基本上都可以看到 Flash 广告元素的存在。由于网站中的广告不仅要求具有较强的视觉冲击力，而且为了不影响网站正常运行，还要求广告占用的空间应越小越好。恰好，Flash 动画可以满足以上条件。如图 1-5 所示即为使用 Flash 制作的产品广告。

6. 制作 Flash 网站

Flash 不仅是一种动画制作技术，同时也是一项功能强大的网站设计技术，现在大多数网站中都加入了 Flash 动画元素，借助其高水平的视听效果吸引浏览者的注意。设计者可以使用 Flash 制作网页动画，甚至制作出整个网站。如图 1-6 所示即为使用 Flash 制作的一个商务网站。

图 1-5 网站广告

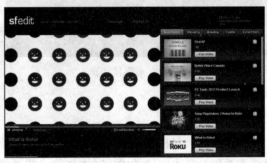

图 1-6 Flash 网站

①.1.3 Flash CS6 新增功能

Flash CS6 是 Adobe 公司推出的 Flash 动画制作软件的最新版本，比之前的版本新增了多项实用的功能。

- ◉ 全新界面设计：Flash CS6 在面板的底部增加了扩展条，使用户可以通过拖动扩展条来随意放大或缩小面板的长度。
- ◉ 更加丰富的设计工具：Flash CS6 提供更加强大的设计工具，如反向运动关节锁定可以定义更加复杂的运动；高级动画效果的装饰画笔可以绘制更加逼真的图案；新加的【拷贝图层】命令可以在不同文件和项目中复制多个图层，并保留其文档结构。
- ◉ 多平台开发：Flash CS6 成为动画制作和多媒体创作以及交互式设计网站的强大平台，它可以用于台式电脑、平板电脑和智能手机等多种设备，使设计者能够针对安卓和 IOS 平台进行设计开发。
- ◉ 集成多种软件：Flash CS6 可以和更多的软件集成在一起，和 Adobe 其他组件程序进行互动编辑。通过高级文本引擎，从其他 Adobe 应用程序中导入内容时仍能保持较高的保真度。

①.2 Flash 常用术语和制作流程

在使用 Flash CS6 制作动画之前，首先需要熟悉 Flash 中的常用术语和制作流程。

1.2.1　常用术语

Flash CS6 制作动画中有许多常用的专业术语，如帧、图层、矢量图、库、元件等。下面简单介绍这些常用术语的概念。

1. 位图和矢量图

位图也被称为光栅图(或点阵图、像素图)。平时的数码照片，就是一种典型的位图，如图 1-7 所示。位图由许多像小方块一样的像素点(pixels)组成，并通过这些像素点的排列和染色构成图样。因此，位图的像素值越高，图像就越清晰，但同时也会增大文件大小。位图通常用在对色彩丰富度或真实感要求比较高的场合。在 Flash 动画中常常会用到位图，但它一般只作为静态元素或背景图出现。

矢量图是由计算机根据包含颜色和位置属性的直线或曲线来描述的图形。它的图形基本构成元素是对象，每个对象都具有独立的颜色、形状、轮廓、大小和屏幕位置等属性。计算机在存储和显示矢量图形时只需记录图形的边线位置和边线之间的颜色这两种信息，因此矢量图形的文件大小由图像的复杂程度决定，而与其大小无关。在制作 Flash 动画的过程中，设计师通常会尽可能地使用矢量图形，以减少文件的大小，如图 1-8 所示。

图 1-7　位图图像

图 1-8　矢量图形

位图和矢量图的主要区别有两点：一是位图占用的存储空间比矢量图要大得多；二是位图在放大到一定倍数时会出现明显的失真现象(如图 1-9 所示)，而矢量图无论放大多少倍都不会出现失真现象(如图 1-10 所示)。

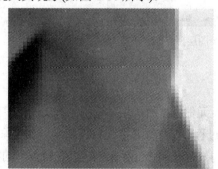

图 1-9　局部放大后的位图

图 1-10　局部放大后的矢量图

2. 帧

帧是 Flash 动画中最基本的组成单位,Flash 动画通过对帧的连续播放来实现动画效果。Flash 动画中有多种类型的帧,主要分为空白关键帧、关键帧和普通帧 3 种类型。3 种帧类型在时间轴上如图 1-11 所示。

这 3 种帧类型的各自特点如下。

- 关键帧定义了动画变化的环节,它特指在动画播放过程中,产生关键性动作或关键性内容变化的帧。因此在制作动画时,所有的图像都必须在关键帧中进行编辑。
- 空白关键帧中不包含任何内容,通常用于分隔两个相连的补间动画或结束前一个关键帧的内容。
- 普通帧都位于某个关键帧的后方,用于延长该关键帧在动画中的播放时间,一个关键帧后的普通帧越多,该关键帧的播放时间越长。

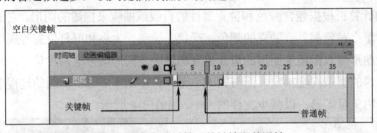

图 1-11 空白关键帧、关键帧和普通帧

3. 图层

制作动画时通常要用到多个图层,此时可以将这些图层看成是一叠透明纸。在制作复杂动画时,可以将动画进行划分,把不同的对象放在不同的图层上,这样每个图层之间是相互独立的,都有各自的时间轴,包含各层独立的多个帧,修改某个图层时,不会影响到其他图层上的对象。在 Flash CS6 的时间轴中,多个图层的表示方式如图 1-12 所示。

图 1-12 时间轴中的多个图层

4. 元件和库

元件是 Flash 中的一个重要概念。在 Flash CS6 中,元件有 3 种类型,分别是:【图形】元件、【按钮】元件和【影片剪辑】元件。在制作动画的过程中,如果需要反复使用同一个对象,可以将该对象先创建为元件或将其转换为元件,然后即可反复使用该元件来创建其在舞台中的实例。元件的使用使制作者不需要重复制作动画中多次使用的相同部分,从而大大提高了工作效率。

在 Flash 中，库的作用主要是预览和管理元件。在 Flash CS6 中包含有两种库：一种是 Flash 自带的公用库，其中包含了软件提供的一些常用元件(如图 1-13 所示)；另一种是通常意义的库，即编辑 Flash 动画时与当前文件关联的库，一般由用户创建(如图 1-14 所示)。

图 1-13　公用库

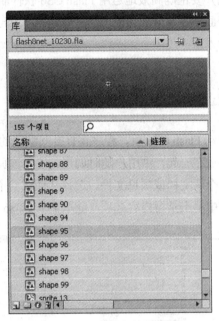

图 1-14　与当前文件关联的库

1.2.2　制作流程

Flash 动画的制作需要经过很多环节的处理，每个环节都相当重要。如果处理或制作不好，会直接影响到动画的效果。

要构建 Flash 动画应用程序，通常需要执行下列基本步骤。

- 计划应用程序：确定应用程序要执行哪些基本任务。
- 添加媒体元素：创建并导入媒体元素，如图像、视频、声音和文本等。
- 排列元素：在舞台上和时间轴中排列这些媒体元素，以定义它们在应用程序中的显示时间和显示方式。
- 应用特殊效果：根据需要应用图形滤镜(如模糊、发光和斜角)、混合和其他特殊效果。
- 使用 ActionScript 控制行为：编写 ActionScript 代码以控制媒体元素的行为方式，包括这些元素对用户交互的响应方式。
- 测试并发布应用程序：进行测试以验证应用程序是否按预期工作，查找并修复所遇到的错误。在整个创建过程中应不断测试应用程序。将 fla 文件发布为可在网页中显示并可使用 Flash Player 播放的 swf 文件。

1.3 Flash CS6 的界面和工具

用户要正确高效地运用 Flash CS6 软件制作动画，首先需要熟悉 Flash CS6 的工作界面以及工作界面中各部分的功能。这主要包括 Flash CS6 中的菜单命令、工具、面板的使用方法及相关专业术语。

1.3.1 开始界面

启动 Flash CS6 后，程序将打开其默认的开始页面，如图 1-15 所示。该页面将常用的任务都集中放在一起，供用户随时调用。使用该页面，用户可以方便地打开最近创建的 Flash 文档、创建一个新文档或项目文件、选择从任意一个模板创建 Flash 文档等。另外，用户还可以在学习区域中单击学习内容选项，获取 Flash CS6 官方学习支持。

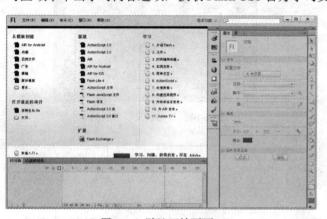

图 1-15 默认开始页面

提示

默认情况下，每次启动 Flash CS6 时都要进入开始页面，但用户也可以在开始页面中选中【不再显示】复选框，则下次启动 Flash CS6 时，会跳过开始页面直接进入工作界面。

Flash CS6 的工作界面中包括菜单栏、【工具】面板、【时间轴】面板、舞台、【属性】面板及面板集等界面元素，如图 1-16 所示。

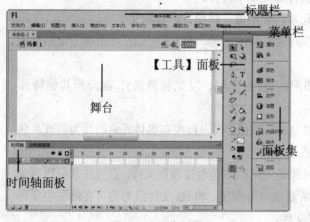

图 1-16 工作界面

提示

Flash CS6 的工作界面是可以自己定义的。用户可根据个人的实际需要来更改工作界面，可以一次打开多个面板，并更改每个面板的位置和大小。在下次启动时，系统将自动使用最后更改的工作界面。

1.3.2　标题栏

Flash CS6 的标题栏包括设计区切换按钮、在线帮助搜索框、窗口管理按钮等界面元素，各个元素的作用分别如下。

- 设计区切换按钮：该按钮提供了多种设计区模式选择，包括【动画】、【传统】、【调试】、【设计人员】、【开发人员】、【基本功能】、【小屏幕】等选项。用户单击该按钮，在弹出的下拉菜单中选择相应的选项即可切换设计区模式，如图 1-17 所示。
- 在线帮助搜索框：在搜索框内输入关键字，在线搜索需要的信息，登录 Adobe 在线网络，使用各种在线服务。

基本功能
动画
传统
调试
设计人员
开发人员
基本功能
小屏幕
重置'基本功能'(R)
新建工作区(N)...
管理工作区(M)...

图 1-17　设计区切换按钮下拉菜单

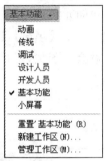

> **提示**
>
> 此外还有窗口管理按钮，包括【最大化】、【最小化】和【关闭】按钮。这些按钮的功能和普通窗口的管理按钮一样。

1.3.3　菜单栏

Flash CS6 的菜单栏包括【文件】、【编辑】、【视图】、【插入】、【修改】、【文本】、【命令】、【控制】、【调试】、【窗口】和【帮助】菜单，如图 1-18 所示。

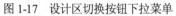

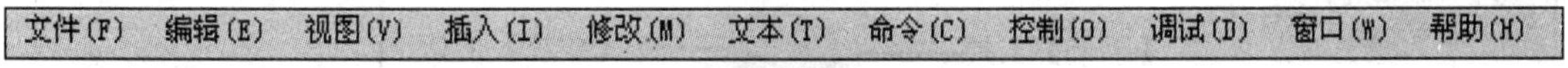

文件(F) 编辑(E) 视图(V) 插入(I) 修改(M) 文本(T) 命令(C) 控制(O) 调试(D) 窗口(W) 帮助(H)

图 1-18　菜单栏

用户在使用菜单命令时，应注意以下几点。

- 当菜单命令显示为灰色时，表示该菜单命令在当前状态下不能使用。
- 当菜单命令后标有黑色小三角按钮符号时，表示该菜单命令有级联菜单。
- 当菜单命令后标有快捷键时，表示该菜单命令也可以通过所标识的快捷键来执行。
- 当菜单命令后有省略号时，表示执行该菜单命令时，会打开一个对话框。

菜单栏中的各个主菜单的主要作用分别如下。

- 【文件】菜单：用于文件操作，如创建、打开和保存文件等。
- 【编辑】菜单：用于动画内容的编辑操作，如复制、粘贴等。
- 【视图】菜单：用于对开发环境进行外观和版式设置，如放大、缩小视图等。
- 【插入】菜单：用于插入性质的操作，如新建元件、插入场景等。
- 【修改】菜单：用于修改动画中的对象、场景等动画本身的特性，如修改属性等。

- ⦿ 【文本】菜单：用于对文本的属性和样式进行设置。
- ⦿ 【命令】菜单：用于对命令进行管理。
- ⦿ 【控制】菜单：用于对动画进行播放、控制和测试。
- ⦿ 【调试】菜单：用于对动画进行调试操作。
- ⦿ 【窗口】菜单：用于打开、关闭、组织和切换各种窗口面板。
- ⦿ 【帮助】菜单：用于快速获取帮助信息。

1.3.4 【工具】面板

Flash CS6 的【工具】面板包含了用于创建和编辑图像、图稿、页面元素的所有工具。该面板根据各个工具功能的不同，可以分为【绘图】工具、【视图调整】工具、【填充】工具和【选项设置】工具 4 大部分，使用这些工具可以进行绘图、选取对象、喷涂、修改及编排文字等操作。如图 1-19 所示为【工具】面板中各个工具及工具下拉列表的介绍。

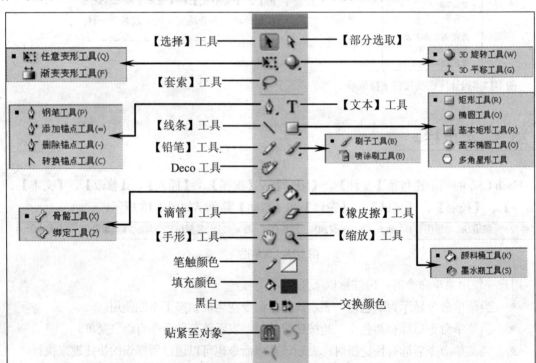

图 1-19 【工具】面板

1.3.5 【时间轴】面板

时间轴用于组织和控制影片内容在一定时间内播放的层数和帧数，Flash 影片将时间长度划分为帧。图层相当于层叠的幻灯片，每个图层都包含一个显示在舞台中的不同图像。时间轴的主要组件是图层、帧和播放头，如图 1-20 所示。

　　【时间轴】面板里还包含了【动画编辑器】面板，用户可以直接单击【动画编辑器】标签来切换该面板，如图 1-21 所示。

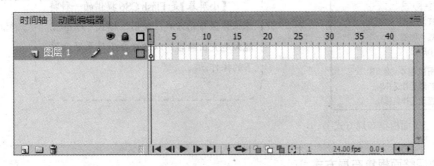

图 1-20 　【时间轴】面板

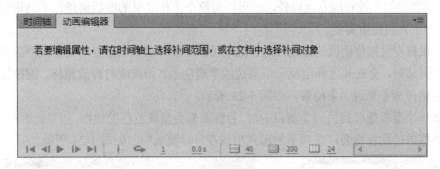

图 1-21 　【动画编辑器】面板

📖✏ **知识点** -------------------------------------

　　在【时间轴】面板中，左边的上方和下方的几个按钮用于调整图层的状态和创建图层。在帧区域中，顶部的标题是帧的编号，播放头指示了舞台中当前显示的帧。在该面板底部显示的按钮用于改变帧的显示状态，指示当前帧的编号、帧频和到当前帧为止动画的播放时间等。关于【时间轴】面板以及【动画编辑器】面板的详细介绍和基本操作会在之后章节中介绍。

①.3.6 　面板集

　　面板集用于管理 Flash 面板，它将所有面板都嵌入到同一个面板中。通过面板集，用户可以对工作界面的面板布局进行重新组合，以适应不同的工作需求。

1. 默认面板集布局方式

　　Flash CS6 提供了 7 种工作区面板集的布局方式，单击标题栏的【基本功能】按钮，在弹出的下拉菜单中可以选择相应命令，即可在 7 种布局方式间切换，如图 1-22 所示。

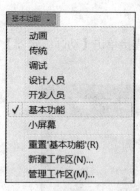

图 1-22　面板集布局方式

计算机 基础与实训教材系列

知识点

【小屏幕】是 Flash CS6 提供的一种特殊工作区布局方式，使用该模式可以尽可能大地突出舞台，以适应在小屏幕显示器下的操作。

2. 手动调整面板集布局方式

除了使用预设的 7 种布局方式以外，还可以对整个工作区里的面板集进行手动调整，使工作区更加符合个人的使用需要。

- 用鼠标左键按住面板的标题栏进行拖动可以任意移动。当被拖动的面板停靠在其他面板旁边时，会在其边界出现一个蓝边的半透明条，如果此时释放鼠标，则被拖动的面板将停放在半透明条位置，如图 1-23 所示。

- 将一个面板拖放到另一个面板中时，目标面板会呈现蓝色的边框，如果此时释放鼠标，被拖放的面板将会以选项卡的形式出现在目标面板中，如图 1-24 所示。

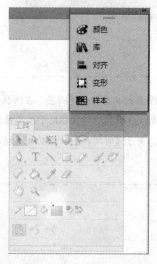

图 1-23　拖放面板至其他面板边界

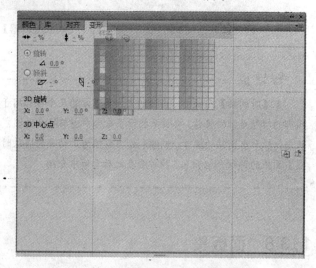

图 1-24　拖放面板至其他面板内部

- 如果将需要的面板全部打开，会占用大量的屏幕空间，此时可以双击面板顶端的空白处将其最小化，如图 1-25 所示。再次双击面板顶端的空白处，可以将面板最大化。

- 当面板处于面板集中时，单击面板集顶端的【折叠为图标】按钮 ，可以将整个面板集中的面板以图标方式显示，再次单击该按钮则恢复面板的显示，如图 1-26 所示。

图 1-25　最小化面板　　　　　　　　　　图 1-26　面板图标化

3. 常用面板简介

Flash CS6 比较常用的面板有【颜色】、【库】、【属性】、【变形】、【对齐】、【样本】和【动作】面板等。这几种常用面板简介如下。

◉ 【颜色】面板：选择【窗口】|【颜色】命令，或按下 Alt+Shift+F9 键，可以打开【颜色】面板，该面板用于给对象设置边框颜色和填充颜色，如图 1-27 所示。

◉ 【库】面板：选择【窗口】|【库】命令，或按下 Ctrl+L 键，可以打开【库】面板。该面板用于存储用户所创建的组件等内容，在导入外部素材时也可以导入到【库】面板中，如图 1-28 所示。

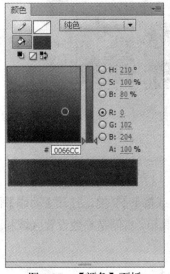

图 1-27　【颜色】面板　　　　　　　　　图 1-28　【库】面板

◉ 【属性】面板：选择【窗口】|【属性】命令，或按下 Ctrl+F3 键，打开【属性】面板。根据用户选择对象的不同，【属性】面板中显示出不同的相应信息，如图 1-29 所示。

◉ 【变形】面板：选择【窗口】|【变形】命令，或按下 Ctrl+T 键，打开【变形】面板。在该面板中，用户可以对所选对象进行放大与缩小、设置对象的旋转角度和倾斜角度以及设置 3D 旋转度数和中心点位置等操作，如图 1-30 所示。

◉ 【对齐】面板：选择【窗口】|【对齐】命令，或按快捷键 Ctrl+K，打开【对齐】面板。在该面板中，可以对所选对象进行对齐和分布的操作，如图 1-31 所示。

● 　【样本】面板：选择【窗口】|【样本】命令，或按快捷键 Ctrl+F9，打开【样本】面板。在该面板中，可以选择或者自定义样本颜色，如图 1-32 所示。

图 1-29　【属性】面板

图 1-30　【变形】面板

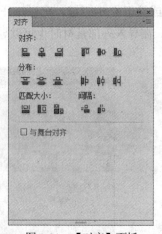

图 1-31　【对齐】面板

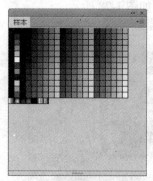

图 1-32　【样本】面板

● 　【动作】面板：选择【窗口】|【动作】命令，或按下 F9 键，打开【动作】面板。在该面板中，左侧是目录形式分类显示的动作工具箱，右侧是参数设置区域和脚本编写区域，如图 1-33 所示。

图 1-33　【动作】面板

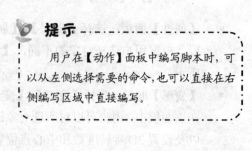

提示

　　用户在【动作】面板中编写脚本时，可以从左侧选择需要的命令，也可以直接在右侧编写区域中直接编写。

1.3.7 舞台

在 Flash CS6 中，舞台是设计者进行动画创作的区域，设计者可以在其中直接绘制插图，也可以在舞台中导入需要的插图、媒体文件等。

要修改舞台的属性，可选择【修改】|【文档】命令，打开【文档设置】对话框，在其中根据需要修改舞台的尺寸、背景颜色、帧频等信息后，单击【确定】按钮即可，如图 1-34 所示。

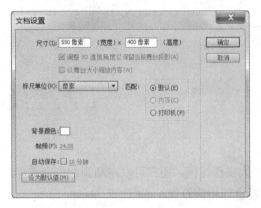

> **提示**
>
> 默认情况下，在【文档设置】对话框中以像素为标尺单位显示舞台尺寸，用户也可以根据需要按照英寸、厘米、毫米或点等标尺单位进行计量和设置。

图 1-34 【文档设置】对话框

舞台中还包含有辅助工具，用来在舞台上精确地绘制和安排对象，主要有以下几种。

- 标尺：标尺显示在设计区内文档的上方和左侧，用于显示尺寸的工具。用户选择【视图】|【标尺】命令，可以显示或隐藏标尺。如图 1-35 所示，围绕在舞台周围即是标尺工具。
- 辅助线：辅助线用于对齐文档中的各种元素。用户只需将鼠标光标置于标尺栏上方，然后按住鼠标左键，向下拖动到执行区内，即可添加辅助线，如图 1-36 所示。

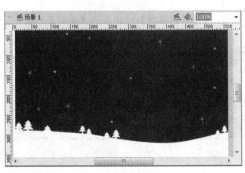

图 1-35 标尺

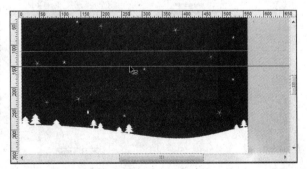

图 1-36 辅助线

> **知识点**
>
> 选择【视图】|【辅助线】|【编辑辅助线】命令，可以打开【辅助线】对话框，设置辅助线的基本属性，包括颜色、贴紧方式和贴紧精确度等。

○ 网格：网格是用来对齐图像的网状辅助线工具。选择【视图】|【网络】|【显示网格】
　　命令，即可在文档中显示或隐藏网格线，如图 1-37 所示。

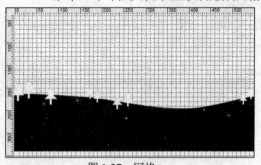

提示

选择【视图】|【网格】|【编辑网格】命令，将打开【网格】对话框，在其中可以设置网格的各种属性。

图 1-37　网格

①.3.8　自定义工作环境

为了提高工作效率，使软件最大程度地符合个人操作习惯，用户可以在动画制作之前先对 Flash CS6 的首选参数和快捷键，以及【工具】面板进行相应设置。

1. 设置首选参数

用户可以在【首选参数】对话框中对 Flash CS6 中的常规应用程序操作、编辑操作和剪贴板操作等参数选项进行设置。选择【编辑】|【首选参数】命令，打开【首选参数】对话框，如图 1-38 所示，可以在不同的选项卡设置不同的参数选项。

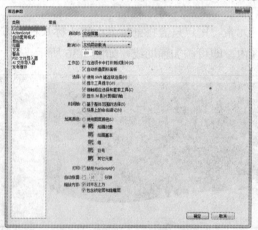

提示

在【首选参数】对话框的【类别】列表框中包含【常规】、ActionScript 以及【自动套用格式】9 个选项。这些选项中的内容基本包括了 Flash CS6 中所有工作环境参数的设置，根据每个选项旁的说明文字进行修改即可。

图 1-38　【首选参数】对话框

2. 设置快捷键

使用快捷键可以使制作 Flash 动画的过程更加流畅，提高工作效率。在默认情况下，Flash CS6 使用的是 Flash 应用程序专用的内置快捷键方案，用户也可以根据自己的需要和习惯自定义快捷键方案。

选择【编辑】|【快捷键】命令，打开【快捷键】对话框，可以在【当前设置】下拉列表框中选择 Adobe 标准、Fireworks 4、Flash 5、FreeHand 10、Illustrator 10 和 Photoshop 6 等多套快捷键方案，并在【命令】选项区域中设置具体操作对应的快捷键，如图 1-39 所示。

快捷键设置完毕后，可以单击【将设置导出为 HTML】按钮进行保存，导出的 HTML 文件用 Web 浏览器查看和打印，以便查阅。单击【删除设置】按钮，打开【删除设置】对话框，可在该对话框中删除快捷键方案，如图 1-40 所示。

图 1-39　【快捷键】对话框

图 1-40　【删除设置】对话框

3. 自定义【工具】面板

自定义【工具】面板的好处是简化了【工具】面板，可以将很少使用的工具屏蔽起来，当要使用这些工具时，可以恢复【工具】面板中的工具或者重新添加到自定义的【工具】面板中。

选择【编辑】|【自定义工具面板】命令，打开【自定义工具面板】对话框。在该对话框中的左侧显示当前在【工具】面板中显示的工具，可以在【当前选择】列表框中选择要删除的工具，然后单击【删除】按钮即可；要增加工具，可以在【可用工具】列表框中选中要增加的工具，然后单击【增加】按钮即可，如图 1-41 所示。

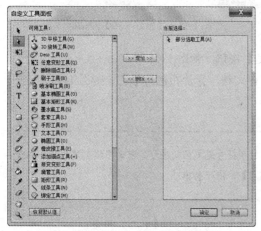

图 1-41　【自定义工具面板】对话框

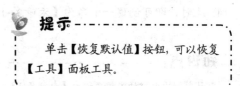

提示

单击【恢复默认值】按钮，可以恢复【工具】面板工具。

1.4 Flash CS6 基本文档操作

使用 Flash CS6 可以创建新文档以进行全新的动画制作，也可以打开以前保存的文档对其进行再次编辑。

1.4.1 新建 Flash 文档

创建一个 Flash 动画文档有新建空白文档和新建模板文档两种方式。

1. 新建空白文档

【例 1-1】在 Flash CS6 里新建一个空白文档。

(1) 启动 Flash CS6 应用程序，选择【文件】|【新建】命令，如图 1-42 所示。

(2) 打开【新建文档】对话框，在【常规】选项卡里的【类型】列表框中可以选择需要新建文档的类型，在右侧可以对舞台进行设置，如选择 ActionScript 3.0 文档类型，然后单击右侧的【背景颜色】色块，如图 1-43 所示。

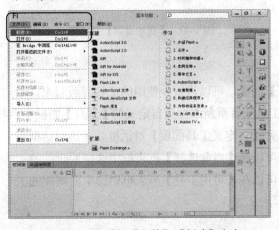 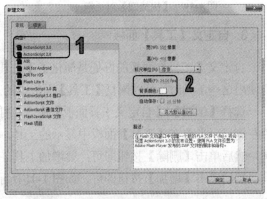

图 1-42 选择【文件】|【新建】命令　　　　图 1-43 【新建文档】对话框

(3) 打开颜色面板，选取绿色，然后单击【确定】按钮，如图 1-44 所示。

(4) 此时，即可创建一个名为【未命名-1】的空白文档，背景颜色为绿色，如图 1-45 所示。

知识点

默认第一次创建的文档名称为【未命名-1】，最后的数字符号是文档的序号，它是根据创建的顺序依次命名的，如再次创建文档，默认的文档名称为【未命名-2】，依此类推。

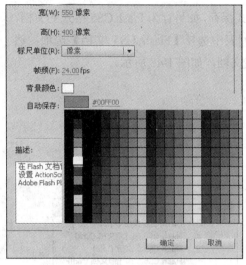

图 1-44　选择背景颜色

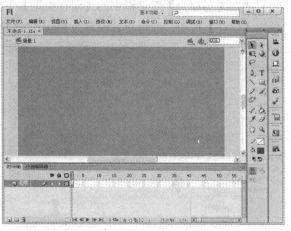

图 1-45　新建文档

2. 新建模板文档

选择【文件】|【新建】命令，打开【新建文档】对话框，选择【模板】选项卡，打开【从模板新建】对话框，在【类别】列表框中选择创建的模板文档类别，在【模板】列表框中选择【模板】样式，如选择【动画】类别选项中的【雪景脚本】模板选项，单击【确定】按钮，即可新建一个模板文档，如图 1-46 所示。

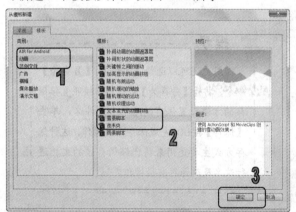

图 1-46　【从模板新建】对话框中新建模板文档

1.4.2　保存 Flash 文档

在完成对 Flash 文档的编辑和修改后，需要对其进行保存操作。选择【文件】|【保存】命令，打开【另存为】对话框。在该对话框中设置文件的保存路径、文件名和文件类型后，单击【保存】按钮即可，如图 1-47 所示。

計算機 基础与实训教材系列

此外，如果将当前文档以低于 Flash CS6 版本的格式保存，如另存为 Flash CS5 格式的文档，用户只需在【另存为】对话框中的【保存类型】下拉列表中选择【Flash CS5 文档】选项，然后单击【保存】按钮，即可将其保存为 Flash CS5 格式文档，如图 1-48 所示。

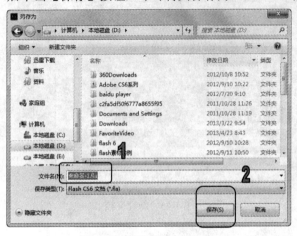

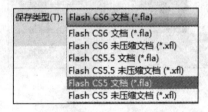

图 1-47 【另存为】对话框　　　　图 1-48 选择【Flash CS5 文档】选项

用户还可以将文档保存为模板进行使用，选择【文件】|【另存为模板】命令，打开【另存为模板】对话框。在【名称】文本框中输入模板的名称，在【类别】下拉列表框中选择类别或新建类别名称，在【描述】文本框中输入模板的说明，然后单击【保存】按钮，即可以模板模式保存文档，如图 1-49 所示。

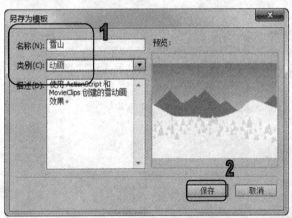

图 1-49 【另存为模板】对话框

提示

用户还可以选择【文件】|【另存为】命令，打开【另存为】对话框，按照直接保存的方法设置保存的路径和文件名，单击【保存】按钮，完成保存文档操作。这种保存方式主要是用来将已经保存过的文档进行改名及改保存路径操作。

1.4.3 打开和关闭 Flash 文档

选择【文件】|【打开】命令，或者单击【主工具栏】上的【打开】按钮，打开【打开】对话框，如图 1-50 所示，选择要打开的文件，然后单击【打开】按钮即可打开选中的文件。

如果同时打开了多个文档，可单击文档标签，在多个文档之间切换，如图 1-51 所示。

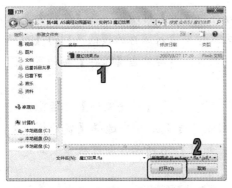

图 1-50 【打开】对话框

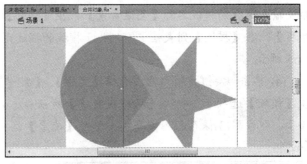

图 1-51 切换文档标签

如果要关闭单个文档，只需单击标签栏上的☒按钮即可将该 Flash 文档关闭，如图 1-52 所示。如果要关闭整个 Flash 软件，只需单击界面上标题栏的关闭按钮即可。

图 1-52 关闭 Flash 文档

1.5 上机练习

本章的上机实验主要练习打开 Flash 文档，设置文档属性，并自定义工作界面，使用户更好地掌握 Flash CS6 的工作界面的设置，以及 Flash 文档的一些基本操作内容。

(1) 启动 Flash CS6 应用程序，选择【文件】|【打开】命令。打开【打开】对话框，选择要打开的文档，单击【打开】按钮，如图 1-53 所示。

(2) 此时，在舞台上打开【圣诞树】文档，如图 1-54 所示。

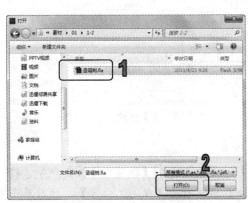

图 1-53 【打开】对话框

图 1-54 打开 Flash 文档

(3) 选择【文件】|【另存为模板】命令，打开【另存为模板】对话框。在【名称】文本框中输入保存的模板名称【圣诞雪景】，在【类别】文本框中输入保存的模板类别为【我的模板】，在【描述】列表框中输入关于模板的描述说明内容，然后单击【保存】按钮，如图1-55所示。

(4) 单击⊠按钮关闭文档，选择【文件】|【新建】命令，打开【新建文档】对话框，选择【模板】选项卡，打开【从模板新建】对话框，在【类别】列表框中选择【我的模板】选项，即步骤(3)保存的模板类别，单击【确定】按钮，如图1-56所示，即可从模板新建一个文档。

图 1-55 【另存为模板】对话框

图 1-56 【从模板新建】对话框

(5) 将舞台中蓝黑色夜景选中并删除，此时该文档如图1-57所示。

(6) 选择【修改】|【文档】命令，打开【文档设置】对话框，在【帧频】文本框中输入数值15，设置帧频为15fps，设置【背景颜色】为天蓝色，单击【确定】按钮，如图1-58所示。

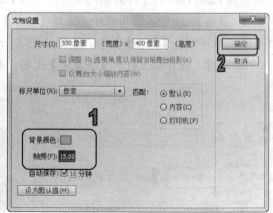
图 1-57 删除背景

图 1-58 【文档设置】对话框

(7) 此时，文档画面底色变为天蓝色，如图1-59所示。

(8) 下面开始自定义工作界面的操作，选择【窗口】|【工作区】|【新建工作区】命令，打开【新建工作区】对话框，在【名称】文本框中输入工作区名称为【我的工作区】，然后单击【确定】按钮，如图1-60所示。

计算机 基础与实训教材系列

图 1-59　改变背景颜色

图 1-60　【新建工作区】对话框

(9) 选择【窗口】|【属性】命令，打开【属性】面板，拖动面板至文档底部位置，当显示蓝边的半透明条时释放鼠标，【属性】面板将停放在文档底部位置，如图 1-61 所示。

(10) 选择【窗口】|【颜色】命令，打开【颜色】面板，将【颜色】面板拖动到窗口右侧，当显示蓝边的半透明条时释放鼠标，【颜色】面板将停放在文档右侧位置，如图 1-62 所示。

图 1-61　调整【属性】面板

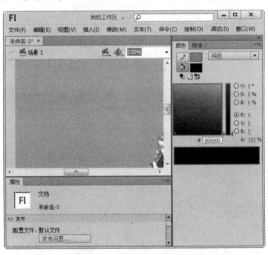

图 1-62　调整【颜色】面板

(11) 使用与步骤(10)类似的方法，将【变形】、【对齐】、【动作】、【信息】面板都和【颜色】面板放置在一起，如图 1-63 所示。

(12) 选择【窗口】|【时间轴】命令，将【时间轴】面板拖动到最上面，如图 1-64 所示。

计算机基础与实训教材系列

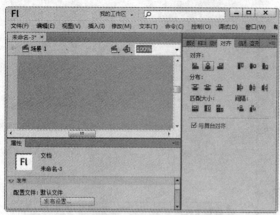

图 1-63　调整各面板集

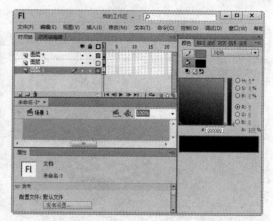

图 1-64　调整【时间轴】面板

1.6　习题

1. 简述 Flash 动画的制作流程。
2. Flash CS6 的工作界面主要包括哪几个元素？
3. 根据用户个人需求，自定义 Flash CS6 的工作环境并设置首选参数。

绘制 Flash 图形

学习目标

制作 Flash 动画,绘制矢量图是其中的基础。Flash CS6 提供了一整套完整的绘图工具,可供用户绘制各种形状、线条以及填充颜色。本章将主要介绍使用 Flash CS6 的各种绘图工具绘制图形、填充图形、选择和查看图形的使用方法。

本章重点

- Flash 图形绘制的基本概念
- 使用绘制边缘工具
- 使用轨迹工具
- 使用绘制形状工具
- 使用填充工具
- 使用选择和查看工具

2.1 绘制 Flash 图形的基本概念

绘制图形是创作 Flash 动画的基础,在学习绘制和编辑图形的操作之前,首先要对 Flash 中的图形有较为清晰的认识,包括位图和矢量图的区别,以及图形色彩的相关知识。

2.1.1 矢量图和位图的区别

矢量图,也称为向量图。矢量图在数学上定义为一系列由直线或者曲线连接的点,而计算机是根据矢量数据计算生成的。例如,"花"的矢量图形实际上是由线段形成外框轮廓,由外框的颜色以及外框所封闭的颜色决定"花"显示出的颜色,如图 2-1 所示。

位图,也叫做点阵图或栅格图像,是由称作像素(图片元素)的单个点组成。这些点可以进行不同的排列和染色以构成图样。当放大位图时，可以看见赖以构成整个图像的无数单个方块。扩大位图尺寸会增多像素，使位图的线条和形状变得参差不齐，如图 2-2 所示。

图 2-1　矢量图

图 2-2　位图

矢量图与位图的最大区别在于：矢量图的轮廓形状更容易修改和控制，且线条工整并可以重复使用，但是对于单独的对象，色彩上变化的实现不如位图来得方便直接；位图色彩变化丰富，编辑位图时可以改变任何形状区域的色彩显示效果，但对轮廓的修改不太方便。

②.1.2　Flash 图形色彩模式

在 Flash CS6 中对图形进行色彩填充，使图形变得更加丰富多彩。由于不同的颜色在色彩的表现上存在某些差异，根据这些差异，色彩被分为若干种色彩模式。在 Flash CS6 中，程序提供了两种色彩模式，分别为 RGB 和 HSB 色彩模式。

1. RGB 色彩模式

RGB 色彩模式是一种最为常见、使用最广泛的颜色模式，它是以由色光的三原色理论为基础的。在 RGB 色彩模式中，任何色彩都被分解为不同强度的红、绿、蓝 3 种色光，其中 R 代表红色，G 代表绿色，B 代表蓝色。

在 RGB 色彩模式中有 3 种基本色彩——红色、绿色和蓝色，其中每一种都有 256(0~255) 种不同的亮度值。当亮度值越小时，产生的颜色就越深；而亮度值越大时，产生的颜色就越浅。当 RGB 值均为 0 时，将产生黑色；而当 RGB 值均为 255 时，将产生白色。

2. HSB 色彩模式

HSB 色彩模式是以人体对色彩的感觉为依据的，它描述了色彩的 3 种特性，其中 H 代表色相，S 代表纯度，B 代表明度。HSB 色彩模式比 RGB 色彩模式更为直观，因为人眼在分辨颜色时，不会将色光分解为单色，而是按其色相、纯度和明度进行判断，由此可见 HSB 色彩模式更接近人的视觉原理。

2.2 使用自由绘制工具

Flash CS6 提供了强大的自由绘图工具，包括【线条】工具、【铅笔】工具、【钢笔】工具以及【刷子】工具，用户使用这些工具可以绘制各种矢量图形。

2.2.1 使用【线条】工具

在 Flash CS6 中，【线条】工具主要用于绘制不同角度的矢量直线。

在【工具】面板中选择【线条】工具 ，将光标移动到舞台上，会显示为十字形状+，按住鼠标左键向任意方向拖动，即可绘制出一条直线，如图 2-3 所示。按住 Shift 键，然后按住鼠标左键向左或向右拖动，可以绘制出水平线条，如图 2-4 所示。

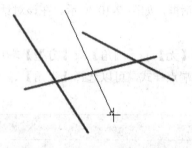

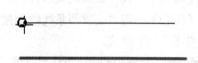

图 2-3　绘制任意直线　　　　　　　图 2-4　绘制水平线条

同理，按住 Shift 键，按住鼠标左键向上向下拖动，可以绘制出垂直线条，如图 2-5 所示。按住 Shift 键，按住鼠标左键斜向拖动可绘制出以 45° 为角度增量倍数的直线，如图 2-6 所示。

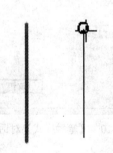

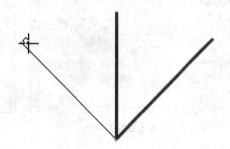

图 2-5　绘制垂直线条　　　　　　　图 2-6　绘制 45° 夹角线条

如果绘制的是一条垂直或水平直线，光标中会显示一个较大的圆圈，如图 2-7 所示，则表示正在绘制的是垂直或水平线条；如果绘制的是一条斜线，光标中会显示一个较小的圆圈，如图 2-8 所示，表示正在绘制的是斜线，通过这种方式可以很方便地确定绘制的是水平、垂直或倾斜直线。

计算机　基础与实训教材系列

图 2-7 绘制水平直线时的光标显示的圆圈较大　　　　图 2-8 绘制倾斜直线时的光标显示的圆圈较小

选择【线条】工具 ＼ 以后，在菜单栏里选择【窗口】|【属性】命令，打开【属性】面板，如图 2-9 所示。在该面板中可以设置线条填充颜色以及线条的笔触样式、大小等参数选项，其主要参数选项的具体作用如下。

- 【填充和笔触】：可以设置线条的笔触和线条内部填充颜色。
- 【笔触】：可以设置线条的笔触大小，也就是线条的宽度，用鼠标拖动滑块或在后面的文本框内输入数值可以调节笔触大小。
- 【样式】：可以设置线条的样式，如虚线、点状线、锯齿线等。可以单击右侧的【编辑笔触样式】按钮 ✐，打开【笔触样式】对话框，如图 2-10 所示。在该对话框中可以自定义笔触样式。
- 【端点】：设置线条的端点样式，可以选择【无】、【圆角】或【方型】端点样式。
- 【接合】：可以设置两条线段相接处的拐角端点样式，可以选择【尖角】、【圆角】或【斜角】样式。

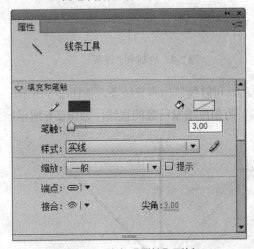

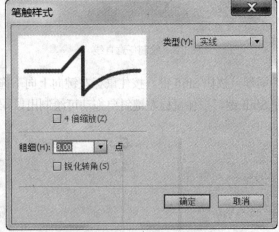

图 2-9 线条【属性】面板　　　　　　　图 2-10 【笔触样式】对话框

②.2.2 使用【铅笔】工具

使用【铅笔】工具可以绘制任意线条，在【工具】面板选择【铅笔】工具 ✐ 后，在所需位置按下鼠标左键拖动即可。在使用【铅笔】工具绘制线条时，按住 Shift 键，可以绘制出水平或垂直方向的线条，如图 2-11 所示，这一点和【线条】工具相似。

选择【铅笔】工具 ✎ 后，在【工具】面板中会显示【铅笔模式】按钮 ↖。单击该按钮，会打开模式选择菜，如图 2-12 所示。在该菜单中，可以选择【铅笔】工具的绘图模式。

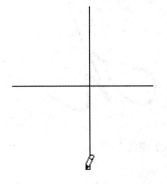

图 2-11　绘制水平垂直线条　　　　　图 2-12　铅笔绘图模式选项

在【铅笔模式】选择菜单中 3 个选项的具体作用如下。

计算机 基础与实训教材系列

- ⊙　【伸直】：可以使绘制的线条尽可能地规整为几何图形，如图 2-13 所示。

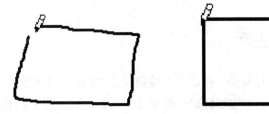

图 2-13　【伸直】模式

- ⊙　【平滑】：可以使绘制的线条尽可能地消除线条边缘的棱角，使绘制的线条更加光滑，如图 2-14 所示。

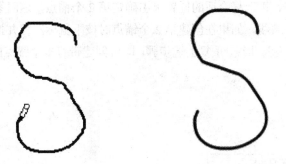

图 2-14　【平滑】模式

- ⊙　【墨水】：可以使绘制的线条更接近手写的感觉，在舞台上可以任意勾画，如图 2-15 所示。

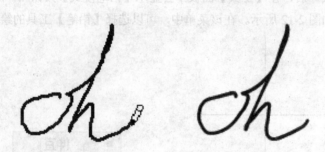

图 2-15　【墨水】模式

提示

　　【铅笔】工具的【伸直】模式，主要是用来绘制规则线条组成的图形，如三角形、矩形等常见的几何
图形。

②.2.3　使用【钢笔】工具

　　【钢笔】工具常用于绘制比较复杂、精确的曲线路径。"路径"由一个或多个直线段和曲
线段组成，线段的起始点和结束点由锚点标记。使用【工具】面板中的【钢笔】工具，可以创
建和编辑路径，以便绘制出需要的图形。

1.【钢笔】工具简介

　　在 Flash CS6 中的【钢笔】工具组分为【钢笔】、【添加锚点】、【删除锚点】和【转换
锚点】工具，如图 2-16 所示。选择工具箱中的【钢笔】工具，当光标变为形状时，在设计
区中单击确定起始锚点，再选择合适的位置单击确定第 2 个锚点，这时系统会在起点和第 2 个
锚点之间自动连接一条直线。如果在创建第 2 个锚点时按下鼠标左键并拖动，会改变连接两锚
点直线的曲率，使直线变为曲线。重复上述步骤，即可创建带有多个锚点的连续曲线，如图 2-17
所示。

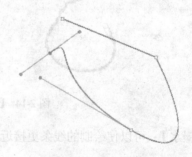

■ ◊ 钢笔工具(P)
◊⁺ 添加锚点工具(=)
◊₋ 删除锚点工具(-)
▷ 转换锚点工具(C)

图 2-16　【钢笔】工具组菜单　　　　　　　　　　图 2-17　绘制曲线

要结束开放曲线的绘制，可以双击最后一个绘制的锚点或单击工具箱中的【钢笔】工具 🖋️，也可以按住 Ctrl 键单击舞台中的任意位置；要结束闭合曲线的绘制，可以移动光标至起始锚点位置上，当光标显示为 🖋️形状时在该位置单击，即可闭合曲线并结束绘制操作。

【钢笔】工具在绘制图形的过程中，主要会显示为以下几个绘制状态。

- ● 初始锚点指针 🖋️×：这是选中【钢笔】工具后，在设计区内看到的第一个鼠标光标指针，是创建新路径的初始锚点。

- ● 连续锚点指针 🖋️：这是指示下一次单击将创建一个锚点，和前面的锚点以直线相连接。

- ● 添加锚点指针 🖋️+：用来指示下一次单击时在现有路径上添加一个锚点。添加锚点必须先选择现有路径，并且鼠标光标停留在路径的线段上而不是锚点上

- ● 删除锚点指针 🖋️–：用来指示下一次在现有路径上单击时将删除一个锚点，删除锚点必须先选择现有路径，并且鼠标光标停留在锚点上。

- ● 连续路径锚点 🖋️：从现有锚点绘制新路径，只有在当前没有绘制路径时，鼠标光标位于现有路径的锚点的上面，才会显示该状态。

- ● 闭合路径指针 🖋️○：在当前绘制的路径起始点处闭合路径，只能闭合当前正在绘制的路径的起始锚点。

- ● 回缩贝塞尔手柄指针 🖋️：当鼠标光标放在贝塞尔手柄的锚点上显示为该状态，单击则会回缩贝塞尔手柄，并将穿过锚点的弯曲路径变为直线段。

2. 使用【钢笔】工具编辑路径

使用【钢笔】工具绘制曲线后，还可以对其进行简单编辑，如增加或删除曲线上的锚点。要在曲线上添加锚点，在工具箱中选择【添加锚点】工具 🖋️，直接在曲线上单击即可，如图 2-18 所示。

使用【锚点转换】工具 ▱，可以将路径上的锚点类型进行转换。在工具箱中选择【转换锚点】工具 ▱，当光标变为 ▱形状时，移动光标至曲线上需操作的锚点位置单击，会将该锚点两边的曲线转换为直线，如图 2-19 所示。

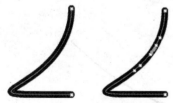

图 2-18 增加曲线锚点

图 2-19 转换锚点

如果要删除路径上多余的锚点，可以在工具箱中选择【删除锚点】工具 🖋️，直接在需要删除的锚点上单击即可。如果曲线只有两个锚点，在使用【删除锚点】工具删除了其中一个锚点以后，整条曲线都将被删除。

提示--

使用【钢笔】工具，还可以为使用其他图形工具绘制的曲线添加或删除锚点。

【例 2-1】使用【钢笔】工具来绘制叶子图形。

(1) 启动 Flash CS6，新建一个文档，选择【钢笔】工具，在舞台上绘制一条直线，如图 2-20 所示。

(2) 选择【钢笔工具】|【转换锚点工具】选项，当光标变为 ⊦ 形状时，移动直线两端锚点，将直线转换为曲线状态，并对其进行形状上的调整，如图 2-21 所示。

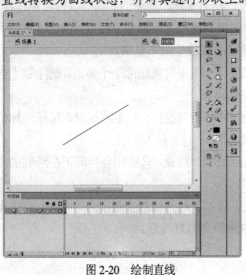

图 2-20　绘制直线

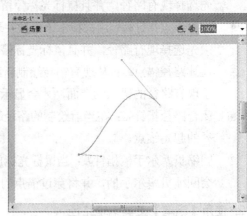

图 2-21　转换锚点

(3) 使用【铅笔】工具，在【铅笔模式】里选择【平滑】选项，在两个端点间绘制线条，作为"叶脉线"，如图 2-22 所示。

(4) 使用【选择】工具选中"叶脉线"，单击【贴紧至对象】按钮 ⬚，调整线条，将端点相连，如图 2-23 所示。

图 2-22　绘制线条

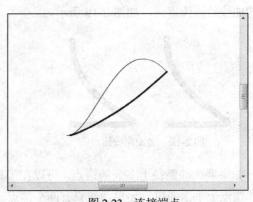

图 2-23　连接端点

(5) 使用相同的方法，将另外半个叶片绘制在"叶脉线"的下方，调整形状后，叶片的轮廓即可完成，如图 2-24 所示。

(6) 确定所有的线段都连接在一起后，选择【颜料桶】工具，然后打开【颜色】面板，选择【线性渐变】选项，颜色值设为 21A107，单击下半边叶片内部进行填充颜色，如图 2-25 所示。

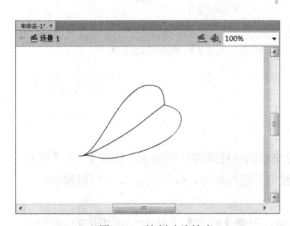

图 2-24 绘制叶片轮廓

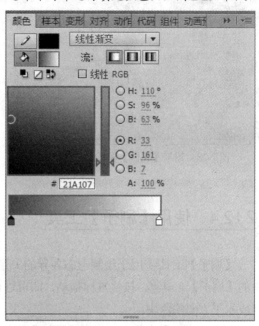

图 2-25 【颜色】面板

(7) 使用相同的方法，填充上半部叶片，如图 2-26 所示。

(8) 在【工具】面板上选择【渐变变形】工具，各自单击上下叶片，出现调整杆，移动光标对渐变颜色进行微调，如图 2-27 所示。

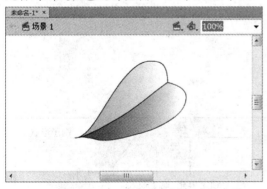

图 2-26 填充叶片颜色

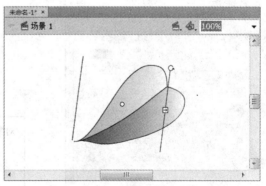

图 2-27 调整叶片颜色

(9) 选择【铅笔】工具，打开【属性】面板，调整【笔触颜色】为绿色，【笔触】为 3，如图 2-28 所示。

(10) 在叶片中端绘制"叶柄"，完成叶片图形的制作，如图 2-29 所示。

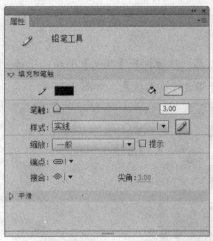

图 2-28　铅笔【属性】面板

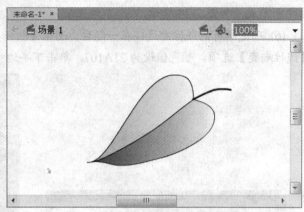

图 2-29　图形绘制完毕

②.2.4　使用【刷子】工具

　　【刷子】工具用于绘制形态各异的矢量色块或创建特殊的绘制效果，选择【工具】面板中的【刷子】工具，按住鼠标拖动，即可进行绘制。在绘制时，按住 Shift 键，可以绘制出垂直或水平方向的色块。

　　选择【刷子】工具，打开【属性】面板，可以设置【刷子】工具的绘制平滑度属性以及颜色，如图 2-30 所示。选择【刷子】工具，在【工具】面板中会显示【锁定填充】、【刷子模式】、【刷子大小】和【刷子形状】等选项按钮，如图 2-31 所示。

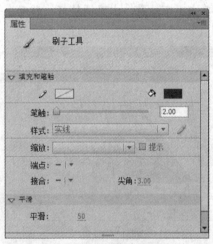

图 2-30　刷子【属性】面板

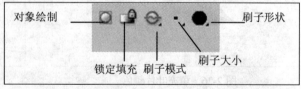

图 2-31　选项按钮

　　【刷子】工具的各选项按钮作用分别如下。

- ⊙　【对象绘制】按钮：单击该按钮将切换到对象绘制模式。在该模式下绘制的色块是独立对象，即使和以前绘制的色块相重叠，也不会合并起来。

- 【锁定填充】按钮：单击该按钮，将会自动将上一次绘图时的笔触颜色变化规律锁定，并将该规律扩展到整个设计区。在非锁定填充模式下，任何一次笔触都将包含一个完整的渐变过程，即使只绘制了一个点。
- 【刷子大小】按钮：单击该按钮，会弹出下拉列表，有 8 种刷子的大小供用户选择，如图 2-32 所示。
- 【刷子形状】按钮：单击该按钮，会弹出下拉列表，有 9 种刷子的形状供用户选择，如图 2-33 所示。

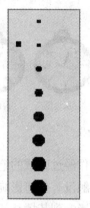

图 2-32　选择刷子大小

图 2-33　选择刷子形状

- 【刷子模式】按钮：单击该按钮，会弹出下拉列表，有 5 种刷子的模式供用户选择，如图 2-34 所示。

图 2-34　选择刷子模式

> **知识点**
>
> 　其中【内部绘画】模式为：涂绘区域取决于绘制图形时落笔的位置。如果落笔在图形内，则只对图形的内部进行涂绘；如果落笔在图形外，则只对图形的外部进行涂绘；如果在图形内部的空白区域开始涂色，则只对空白区域进行涂色，而不会影响任何现有的填充区域。

②.2.5　使用【橡皮擦】工具

　　【橡皮擦】工具就是一种擦除工具，可以快速擦除舞台中的任何矢量对象，包括笔触和填充区域，使用该工具时，可以在工具箱中自定义擦除模式，以便只擦除笔触、多个填充区域或单个填充区域；还可以在工具箱中选择不同的橡皮擦形状。

　　选择【橡皮擦】工具后，在工具箱中可以设置【橡皮擦】工具属性，如图 2-35 所示。单击【橡皮擦模式】按钮 ，可以在打开的【模式选择】菜单中选择橡皮擦模式，如图 2-36 所示。

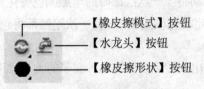

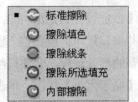

图 2-35 【橡皮擦】工具属性　　　　　　　　图 2-36 【模式选择】菜单

在【橡皮擦模式】选择菜单中，有 5 种刷子模式，使用不同刷子模式的擦除效果如图 2-37 所示。

图 2-37 橡皮擦的 5 种擦除效果

计算机 基础与实训教材系列

- ◉ 【标准擦除】模式：可以擦除同一图层中擦除操作经过区域的笔触及填充。
- ◉ 【擦除填色】模式：只擦除对象的填充，而对笔触没有任何影响。
- ◉ 【擦除线条】模式：只擦除对象的笔触，而不会影响到其填充部分。
- ◉ 【擦除所选填充】模式：只擦除当前对象中选定的填充部分，对未选中的填充及笔触没有影响。
- ◉ 【内部擦除】模式：只擦除【橡皮擦】工具开始处的填充，如果从空白点处开始擦除，则不会擦除任何内容。选择该种擦除模式，同样不会对笔触产生影响。

②.3 使用标准绘图工具

Flash CS6 提供了强大的标准绘图工具，使用这些工具可以绘制一些标准的几何图形，主要包括【矩形】工具、【椭圆】工具以及【多角星形】工具等。

②.3.1 使用【矩形】工具

【工具】面板中的【矩形】工具▭和【基本矩形】工具▭用于绘制矩形图形，这些工具不仅能设置矩形的形状、大小、颜色，还能设置边角半径以修改矩形形状。

1. 【矩形】工具

选择【工具】面板中的【矩形】工具▭，在舞台中按住鼠标左键拖动，即可开始绘制矩形。如果按住 Shift 键，可以绘制正方形图形，如图 2-38 所示。选择【矩形】工具▭后，打开其【属性】面板，如图 2-39 所示。

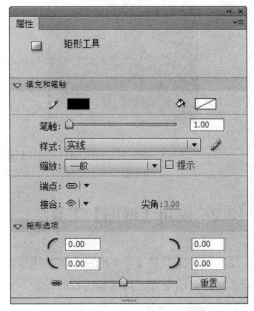

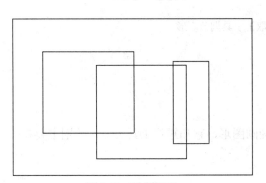

图 2-38 绘制矩形　　　　　　　图 2-39 矩形【属性】面板

【矩形】工具的【属性】面板的主要参数选项的具体作用如下。

- ⦿ 【笔触颜色】：设置矩形的笔触颜色，也就是矩形的外框颜色。
- ⦿ 【填充颜色】：设置矩形的内部填充颜色。
- ⦿ 【笔触】：设置矩形的笔触大小。
- ⦿ 【样式】：设置矩形的笔触样式。
- ⦿ 【缩放】：设置矩形的缩放模式，包括【一般】、【水平】、【垂直】、【无】4 个选项。
- ⦿ 【端点】：设置矩形的端点样式，可以选择【无】、【圆角】或【方型】端点样式。
- ⦿ 【矩形选项】：其中文本框内的参数可以用来设置矩形的 4 个直角半径，正值为正半径，负值为反半径，如图 2-40 所示。

图 2-40 绘制正半径和反半径矩形

> **知识点**
>
> 单击【矩形选项】区域左下角的 按钮，可以为矩形的 4 个角设置不同的角度值。单击【重置】按钮将重置所有数值，即角度值还原为默认值 0。

2.【基本矩形】工具

使用【基本矩形】工具▣，可以绘制出更加易于控制和修改的矩形形状。在工具箱中选择【基本矩形】工具▣后，在舞台中按下鼠标左键并拖动，即可绘制出基本矩形图形。绘制完成后，选择【工具】面板中的【部分选取】工具▶，可以调节矩形图形的角半径，如图 2-41 所示。

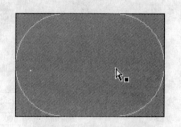 

图 2-41 使用【部分选取】工具调节矩形

②.3.2 使用【椭圆】工具

【椭圆】工具和【基本椭圆】工具用于绘制椭圆图形，它和矩形工具类似，差别主要在于椭圆工具的选项中有关角度和内径的设置。

1.【椭圆】工具

选择【工具】面板中的【椭圆】工具，在舞台中按住鼠标拖动，即可绘制出椭圆。按住 Shift 键，可以绘制一个正圆图形，如图 2-42 所示。选择【椭圆】工具后，打开【属性】面板，如图 2-43 所示。

图 2-42 绘制椭圆

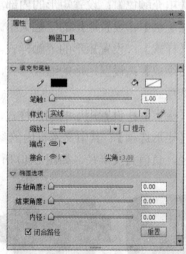

图 2-43 椭圆【属性】面板

在该【属性】面板中的主要参数选项的具体作用与【矩形】工具属性面板基本相同，其中各选项的作用如下。

- 【开始角度】：设置椭圆绘制的起始角度。正常情况下，绘制椭圆是从 0 度开始绘制的。
- 【结束角度】：设置椭圆绘制的结束角度。正常情况下，绘制椭圆的结束角度为 0 度，默认绘制的是一个封闭的椭圆。
- 【内径】：设置内侧椭圆的大小，内径大小范围为 0~99。

- 【闭合路径】：设置椭圆的路径是否闭合。默认情况下选中该选项。取消选中该选项时，要绘制一个未闭合的形状，只能绘制该形状的笔触。取消选中与选中该选项的绘制效果如图 2-44 和图 2-45 所示。

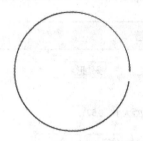

图 2-44 取消选中【闭合路径】选项绘制效果

图 2-45 选中【闭合路径】绘制效果

- 【重置】按钮：恢复【属性】面板中所有选项设置，并将在舞台上绘制的基本椭圆形状恢复为原始大小和形状。

2. 【基本椭圆】工具

单击【工具】面板中的【椭圆】工具按钮，在弹出的下拉列表中选择【基本椭圆】工具，如图 2-46 所示。与【基本矩形】工具的属性类似，使用【基本椭圆】工具可以绘制出更加易于控制和修改的椭圆形状。

绘制完成后，选择【工具】面板中的【部分选取】工具，拖动基本椭圆圆周上的控制点，可以调整完整性；拖动圆心处的控制点可以将椭圆调整为圆环，如图 2-47 所示。

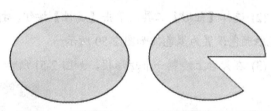

图 2-46 选择【基本椭圆】工具   图 2-47 调整基本椭圆

2.3.3 使用【多角星形】工具

绘制几何图形时，【多角星形】工具也是常用工具。使用【多角星形】工具可以绘制多边形图形和多角星形图形，在实际动画制作过程中，这些图形很常用。

选择【多角星形】工具后，将鼠标光标移动到舞台上，按住鼠标左键拖动，系统默认是绘制出五边形。

选择【多角星形】工具后，打开【属性】面板，如图 2-48 所示。在该面板中的大部分参数选项与之前介绍的图形绘制工具相同，单击【工具设置】选项卡中的【选项】按钮，可以打开【工具设置】对话框，如图 2-49 所示。

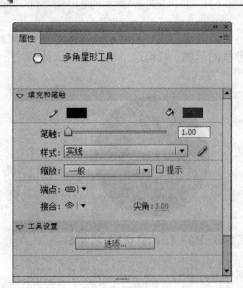

图 2-48　多角星形【属性】面板

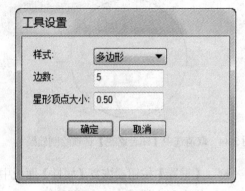

图 2-49　【工具设置】对话框

在【工具设置】对话框中的主要参数选项的具体作用如下。

- 【样式】：设置绘制的多角星形样式，可以选择【多边形】和【星形】选项。
- 【边数】：设置绘制的图形边数，范围为 3~32。
- 【星形顶点大小】：设置绘制的图形顶点大小。

【例 2-2】使用多种绘图工具绘制一幅池塘夜景。

(1) 启动 Flash CS6 应用程序，新建一个 Flash 文档。

(2) 选择【矩形】工具，单击【属性】按钮，打开其【属性】面板，将填充颜色设置为无，将笔触颜色设置为黑色，如图 2-50 所示。

(3) 在舞台上绘制一个矩形框，如图 2-51 所示。

图 2-50　矩形【属性】面板

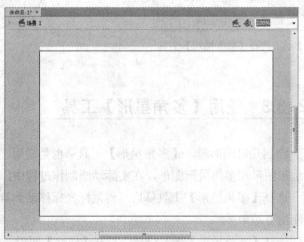

图 2-51　绘制矩形

(4) 选择【钢笔】工具，分别绘制出山峰、池塘和山峰映在水面上的倒影等轮廓曲线，如图 2-52 所示。

(5) 选择【椭圆】工具，打开其【属性】面板，将填充颜色设置为黄色，将笔触颜色设置为无色，如图 2-53 所示。

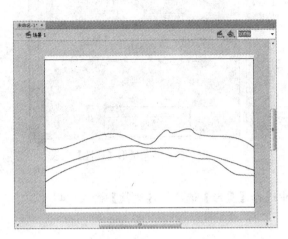

图 2-52 绘制轮廓线

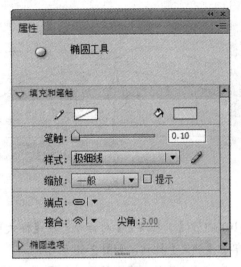

图 2-53 椭圆【属性】面板

(6) 在【工具】面板上单击【对象绘制】按钮，在舞台上绘制一个圆月，如图 2-54 所示。

(7) 使用【铅笔】工具和【钢笔】工具，绘制一枝荷花，如图 2-55 所示。

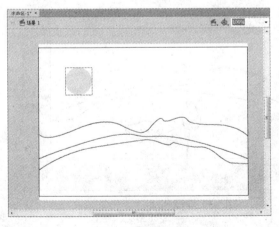

图 2-54 绘制圆月

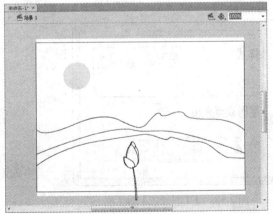

图 2-55 绘制荷花

(8) 使用【钢笔】工具绘制一片荷叶轮廓，使用【铅笔】工具绘制荷叶中间的茎脉，使用【椭圆】工具绘制荷叶中心圆，组成一张荷叶图形，如图 2-56 所示。

(9) 选择【多角星形】工具，打开其【属性】面板，将填充颜色设置为黄色，将笔触颜色设置为无色，然后单击【工具设置】栏下的【选项】按钮，如图 2-57 所示。

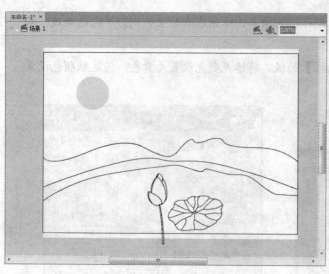

图 2-56 绘制荷叶

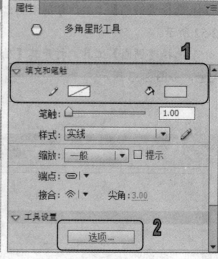

图 2-57 多角星形【属性】面板

(10) 打开【工具设置】对话框，在【样式】中选择【星形】选项，【边数】输入 "4"，然后单击【确定】按钮，如图 2-58 所示。

(11) 在舞台上绘制多个星星，如图 2-59 所示。

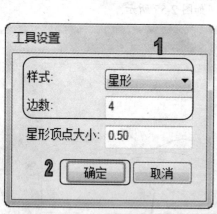

图 2-58 【工具设置】对话框

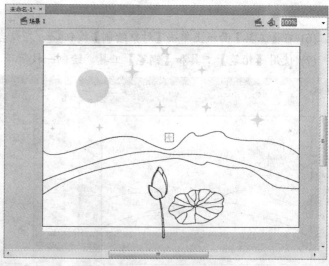

图 2-59 绘制星星

(12) 选择【修改】|【文档】命令，打开【文档设置】对话框，设置【背景颜色】为蓝黑色，然后单击【确定】按钮，如图 2-60 所示。

(13) 此时，舞台背景颜色变为蓝色，夜幕下的池塘绘制完毕，如图 2-61 所示。

(14) 选择【文件】|【保存】命令，打开【另存为】对话框，将该文档命名为 "荷塘夜色" 并加以保存。

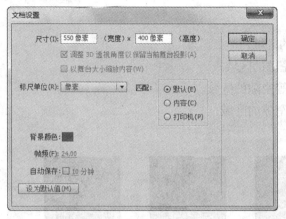

图 2-60 【文档设置】对话框

图 2-61 绘制完毕

2.4 使用填充工具

绘制图形之后，即可进行颜色的填充操作，Flash CS6 中的填充工具主要包括【颜料桶】工具、【墨水瓶】工具、【滴管】工具和【喷涂刷】工具等。

2.4.1 使用【颜料桶】工具

在 Flash CS6 中，【颜料桶】工具用来填充图形内部的颜色，并且可以使用纯色、渐变色以及位图进行填充。

选择【工具】面板中的【颜料桶】工具，打开【属性】面板，如图 2-62 所示，在该面板中可以设置【颜料桶】的填充和笔触。选择【颜料桶】工具，单击【工具】面板中的【空隙大小】按钮，在弹出的列表中可以选择【不封闭空隙】、【封闭小空隙】、【封闭中等空隙】和【封闭大空隙】4 个选项，如图 2-63 所示。

图 2-62 颜料桶【属性】面板

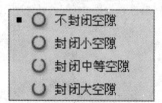

图 2-63 空隙模式列表

该菜单 4 个选项的作用分别如下。

- 【不封闭空隙】：只能填充完全闭合的区域。
- 【封闭小空隙】：可以填充存在较小空隙的区域。
- 【封闭中等空隙】：可以填充存在中等空隙的区域。
- 【封闭大空隙】：可以填充存在较大空隙的区域。

4 种填充模式的效果如图 2-64 所示。

| 原始图形 | 【不封闭空隙】 | 【封闭小空隙】 | 【封闭中等空隙】 | 【封闭大空隙】 |

图 2-64　4 种填充模式效果

②.4.2　使用【墨水瓶】工具

在 Flash CS6 中，【墨水瓶】工具用于更改矢量线条或图形的边框颜色，更改封闭区域的填充颜色，吸取颜色等。

单击【工具】面板中的【颜料桶】工具按钮，在弹出的下拉列表中选择【墨水瓶】工具，打开【属性】面板，可以设置【笔触颜色】、【笔触高度】和【笔触样式】等选项，如图 2-65 所示。

选择【墨水瓶】工具，将光标移至没有笔触的图形上，单击即可为图形添加笔触；将光标移至已经设置好笔触颜色的图形上并单击，图形的笔触会改为【墨水瓶】工具使用的笔触颜色，如图 2-66 所示。

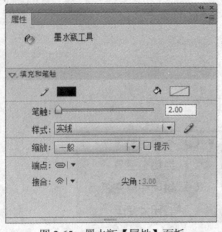

图 2-65　墨水瓶【属性】面板

图 2-66　填充笔触颜色

②.4.3　使用【滴管】工具

在 Flash CS6 中，使用【滴管】工具 🖋，可以吸取现有图形的线条或填充上的颜色及风格等信息，并可以将该信息应用到其他图形上。

选择【工具】面板上的【滴管】工具 🖋，将光标移至舞台中间，光标会显示滴管形状 🖋，当光标移至线条上时，【滴管】工具的光标下方会显示出一个铅笔形状 🖋，此时单击即可拾取该线条的颜色作为填充样式；当【滴管】工具移至填充区域内时，【滴管】工具的光标下方会显示出一个刷子形状 🖌，此时单击即可拾取该区域作为填充样式，如图 2-67 所示。

图 2-67　【滴管】工具移至不同对象时的光标样式

②.4.4　使用【喷涂刷】工具

在 Flash CS6 中，【喷涂刷】工具 🖌 效果类似于喷漆效果。选择【工具】面板中的【喷涂刷】工具 🖌，打开【属性】面板，如图 2-68 所示。在【属性】面板中，用户可以设置喷涂的形状，从而使用元件或默认的形状进行喷涂。如图 2-69 所示即为使用【喷涂刷】工具的绘制效果。

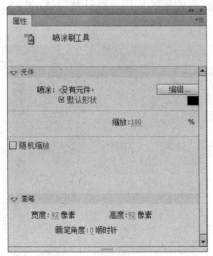

图 2-68　喷涂刷【属性】面板

图 2-69　绘制效果

计算机基础与实训教材系列

②.4.5 使用 Deco 工具

Deco 工具 ✍ 是装饰性绘画工具，可以将创建的图形形状转变为复杂的几何图案。使用 Deco 工具，可以使用任意的图形形状或对象创建复杂的图案，还可以将一个或多个元件与 Deco 工具一起使用以创建万花筒效果。

选择 Deco 工具 ✍ 后，打开【属性】面板，如图 2-70 所示。在【绘制效果】下拉列表中可以选择 Deco 工具的绘制效果，包括【藤蔓式填充】、【网格填充】、【对称刷子】、【3D 刷子】、【建筑物刷子】、【装饰性刷子】、【火焰动画】、【花刷子】、【烟动画】等多种效果选项可供选择，如图 2-71 所示。

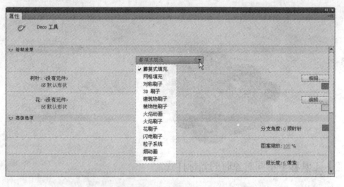

图 2-70　Deco 工具的【属性】面板　　　　　图 2-71　【绘制效果】下拉列表

1. 【藤蔓式填充】效果

在【绘制效果】下拉列表框中选择【藤蔓式填充】效果，可以用藤蔓式图案填充设计区、元件或封闭区域。用户还可以选择【库】中的元件替换叶子和花朵的插图，生成的图案将包含在影片剪辑中，而影片剪辑本身包含组成图案的元件。该效果的【属性】面板如图 2-72 所示，在【属性】面板中设置完毕后，在舞台中单击，即可完成藤蔓效果的应用。默认情况下的绘制效果如图 2-73 所示。

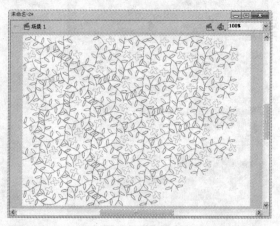

图 2-72　【藤蔓式填充】效果的【属性】面板　　　　图 2-73　【藤蔓式填充】效果

在【藤蔓式填充】效果【属性】面板中，主要参数选项的具体作用如下。

- 【分支角度】：设置分支图案的角度。
- 【分支颜色】：设置用于分支的颜色。
- 【图案缩放】：缩放操作会使对象同时沿水平方向和垂直方向放大或缩小。
- 【段长度】：设置花朵节点之间的段的长度。
- 【动画图案】：设置的每次迭代都绘制到时间轴中的新帧。在绘制花朵图案时，此选项将创建花朵图案的逐帧动画序列。
- 【帧步骤】：设置效果时每秒要横跨的帧数。

2. 【网格填充】效果

选择【网格填充】效果，可以以元件填充设计区、元件或封闭区域。将网格填充绘制到设计区中，如果移动填充元件或调整其大小，则网格填充将随之移动或调整大小。使用【网格填充】效果，可以创建棋盘图案、平铺背景或自定义图案填充的区域或形状。对称效果的默认元件大小为 25×25 像素、无笔触的黑色矩形形状。

选择 Deco 工具，在【属性】面板中选择【网格填充】效果，打开该效果的【属性】面板，如图 2-74 所示。使用【网格填充】效果，可以创建棋盘图案或自定义图案填充舞台、元件或封闭区域，如图 2-75 所示。

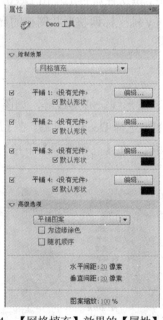

图 2-74 【网格填充】效果的【属性】面板

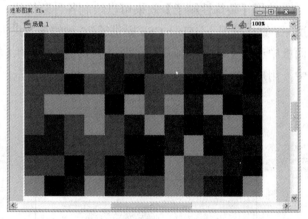

图 2-75 【网格填充】效果

3. 【对称刷子】效果

选择【对称刷子】效果，可以围绕中心点对称排列元件。在设计区中绘制元件时，将显示一组手柄。可以使用手柄通过增加元件数、添加对称内容或者编辑和修改效果的方式来控制对称效果。使用对称效果，可以创建圆形界面元素(如模拟钟面或刻度盘仪表)和旋涡图案。

选择 Deco 工具，在【属性】面板中选择【对称刷子】效果，打开该效果的【属性】面板，如图 2-76 所示。在【对称刷子】效果的【属性】面板中显示该效果的高级选项，可以设置【旋转】、【跨线反射】、【跨点反射】和【网格平移】4 个选项，如图 2-77 所示。

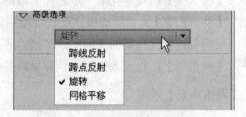

图 2-76　【对称刷子】效果的【属性】面板　　　　图 2-77　【对称刷子】效果的高级选项

【对称刷子】效果的 4 个高级选项作用如下。

◉　【旋转】：围绕指定的固定点旋转对称中的形状。默认参考点是对称的中心点。若要围绕对象的中心点旋转对象，按圆形运动进行拖动即可。

◉　【跨线反射】：围绕指定的不可见线条等距离翻转形状。

◉　【跨点反射】：围绕指定的固定点等距离放置两个形状。

◉　【网格平移】：使用按对称效果绘制的形状创建网格。每次在舞台上单击 Deco 工具，都会创建形状网格。使用由对称刷子手柄定义的 x 和 y 轴坐标调整形状网格的高度和宽度。

4. 【装饰性刷子】效果

使用【装饰性刷子】效果可以绘制各种装饰线，如点线、波形线、心形线等，如图 2-78 所示。默认情况下，Flash CS6 提供了 20 种线条效果供用户选择。选择 Deco 工具后，在【属性】面板中选择【装饰性刷子】效果，可打开该效果的【属性】面板，在【高级选项】下拉列表框中，用户可以选择不同的线条效果，如图 2-79 所示。

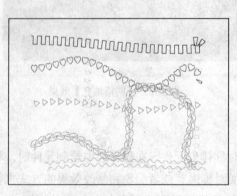

图 2-78　【装饰性刷子】效果　　　　　　图 2-79　【装饰性刷子】效果的高级选项

5. 【粒子系统】效果

使用【粒子系统】效果，可以创建火、烟、水、气泡及其他效果的粒子动画。如图 2-80 所示即为设置了枫叶为粒子的动画效果。选择 Deco 工具后，在【属性】面板中选择【粒子系统】效果，可打开该效果的【属性】面板，如图 2-81 所示。

图 2-80 设置枫叶为粒子的动画效果　　　　图 2-81 【粒子系统】效果的【属性】面板

【粒子系统】效果的【属性】面板中各选项的具体介绍如下。

- ● 【粒子 1】：用户可以分配两个元件用作粒子，这是其中的第一个。如果未指定元件，将使用一个黑色的小正方形。通过正确地选择图形，可以生成相应的效果。
- ● 【粒子 2】：这是用户可以分配用作粒子的第二个元件。
- ● 【总长度】：从当前帧开始，动画的持续时间(以帧为单位)。
- ● 【粒子生成】：在其中生成粒子的帧的数目。如果帧数小于总长度属性，则该工具会在剩余帧中停止生成新粒子，但是已生成的粒子将继续添加动画效果。
- ● 【每帧的速率】：每个帧生成的粒子数。
- ● 【寿命】：单个粒子在舞台上可见的帧数。
- ● 【初始速度】：每个粒子在其寿命开始时移动的速度。速度单位是像素/帧。
- ● 【初始大小】：每个粒子在其寿命开始时的缩放。
- ● 【最小初始方向】：每个粒子在其寿命开始时可能移动方向的最小范围。测量单位是度。零表示向上，90 表示向右，180 表示向下，270 表示向左，而 360 还表示向上。这里允许使用负数。
- ● 【最大初始方向】：每个粒子在其寿命开始时可能移动方向的最大范围。测量单位是度。零表示向上，90 表示向右，180 表示向下，270 表示向左，而 360 还表示向上。这里允许使用负数。
- ● 【重力】：当该数字为正数时，粒子方向更改为向下并且其速度会增加(类似正在下落一样)。如果重力是负数，则粒子方向更改为向上。
- ● 【旋转速率】：应用到每个粒子的每帧旋转角度。

6.【树刷子】效果

通过【树刷子】效果，用户可以快速创建树状插图，选择 Deco 工具后，在【属性】面板中选择【树刷子】效果，可打开该效果的【属性】面板，如图 2-82 所示。打开【高级选项】下拉列表框，可以在其中选择多种树的效果，如图 2-83 所示。

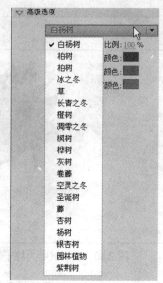

图 2-82　【树刷子】效果的【属性】面板　　　　图 2-83　【树刷子】效果的高级选项

【树刷子】效果的【属性】面板中各选项的具体介绍如下。

- ⊙　【树缩放】：树的大小，该处的数值必须在 75~100 之间，值越大，创建的树越大。
- ⊙　【分支颜色】：树干的颜色。
- ⊙　【树叶颜色】：叶子的颜色。
- ⊙　【花/果实颜色】：花和果实的颜色。

在 Flash CS6 中，与【树刷子】类似的 Deco 工具还有【建筑物刷子】、【花刷子】、【火焰刷子】和【闪电刷子】，其绘制方法大致相同。只需设置相应参数，然后在舞台上拖动光标即可创建相应的插图效果，如图 2-84 所示。

图 2-84　各种刷子绘制效果

2.5 使用选择和查看工具

Flash CS6 中的选择工具可以分为【选择】工具、【部分选取】工具和【套索】工具，分别用来抓取、选择、移动和调整对象；查看工具分为【手形】工具和【缩放】工具，分别用来平移设计区中的内容、放大或缩小设计区显示比例。

2.5.1 使用【选择】工具

选择【工具】面板中的【选择】工具 ，在【工具】面板中显示了【贴紧至对象】按钮 、【平滑】按钮 和【伸直】按钮 ，其各自的功能如下。

- ⊙ 【贴紧至对象】按钮：选择该按钮，在进行绘图、移动、旋转和调整操作时将和对象自动对齐。
- ⊙ 【平滑】按钮：旋转该按钮，可以对直线和开头进行平滑处理。
- ⊙ 【伸直】按钮：选择该按钮，可以对直线和开头进行平直处理。

 提示

平滑和伸直只适用于形状对象，对组合、文本、实例和位图都不起作用。

【选择】工具还可以调整图形对象曲线和顶点。选择【选择】工具后，将光标移至对象的曲线位置，光标会显示一个半弧形状 ，可以拖动调整曲线。要调整顶点，将光标移至对象的顶点位置，光标会显示一个直角形状 ，可以拖动调整顶点。将光标移至对象轮廓的任意转角上，光标会显示一个直角形状 ，可以延长或缩短组成转角的线端并保持伸直。调整曲线、顶点、转角分别如图 2-85 所示。

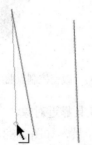
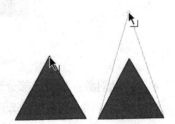

图 2-85 调整图形的曲线和顶点

使用【选择】工具选择对象时，有以下几种方法。

- ⊙ 单击要选中的对象即可选中。
- ⊙ 按住鼠标拖动选取，可以选中区域中的所有对象。
- ⊙ 有时单击某线条时，只能选中其中的一部分，可以双击选中线条。
- ⊙ 按住 Shift 键，单击所需选中的对象，可以选中多个对象。

2.5.2 使用【部分选取】工具

【部分选取】工具 ₪ 主要用于选择线条、移动线条和编辑节点以及节点方向等。它的使用方法和作用与【选择】工具 ₪ 类似，区别在于：使用【部分选取】工具选中一个对象后，对象的轮廓线上将出现多个控制点，表示该对象已经被选中。

在使用【部分选取】工具选中路径之后，可对其中的控制点进行拉伸或修改曲线，具体操作有如下几种方式。

- 移动控制点：选择的图形对象周围将显示出由一些控制点围成的边框，用户可以选择其中的一个控制点，此时光标右下角会出现一个空白方块 ₪，拖动该控制点，可以改变图形轮廓，如图 2-86 所示。

图 2-86 移动控制点

- 改变控制点曲度：可以选择其中一个控制点来设置图形在该点的曲度。选择某个控制点之后，按住 Alt 键移动，该点附近将出现两个在此点调节曲形曲度的控制柄，此时空心的控制点将变为实心，可以拖动这两个控制柄，改变长度或者位置以实现对该控制点的曲度控制，如图 2-87 所示。

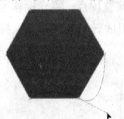

图 2-87 改变控制点曲度

- 移动对象：使用【部分选取】工具靠近对象，当光标显示黑色实心方块 ₪ 时，按下鼠标左键即可将对象拖动到所需位置，如图 2-88 所示。

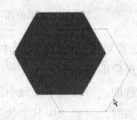

图 2-88 移动对象

②.5.3 使用【套索】工具

【套索】工具 主要用于选择图形中的不规则区域和相连的相同颜色的区域。选择【工具】面板中的【套索】工具 后，在【工具】面板中显示了【魔术棒】按钮 、【魔术棒设置】按钮 和【多边形模式】按钮 等按钮，如图 2-89 所示。

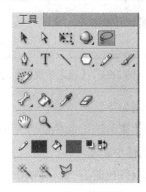

图 2-89 【套索】工具

有关【套索】工具的使用方法和具体作用如下。

- 选择图形对象中的不规则区域：按住鼠标在图形对象上拖动，并在开始位置附近结束拖动，形成一个封闭的选择区域；或在任意位置释放鼠标左键，系统会自动用直线段来闭合选择区域，如图 2-90 所示。

- 选择图形对象中的多边形区域：选择【工具】面板中的【多边形模式】按钮 ，然后在图形对象上单击设置起始点，并依次在其他位置上单击，最后在结束处双击即可，如图 2-91 所示。

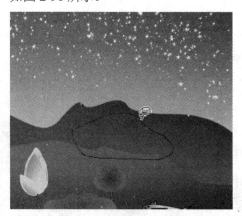

图 2-90 选择不规则区域

图 2-91 选择多边形区域

- 单击【工具】面板中的【魔术棒】按钮 ，然后在图形对象上单击，可以选中图形对象中相似颜色的区域(必须是位图分离后的图形)，如图 2-92 所示。单击【工具】面板中的【魔术棒设置】按钮 ，打开【魔术棒设置】对话框，如图 2-93 所示。

计算机 基础与实训教材系列

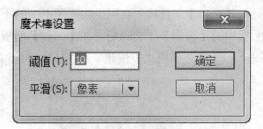

图 2-92　使用【魔术棒】按钮　　　　图 2-93　【魔术棒设置】对话框

在【魔术棒设置】对话框中，主要参数选项的具体作用如下。

- 【阈值】文本框：可以在文本框中输入【魔术棒】工具选取颜色的容差值。容差值越小，所选择的色彩的精度就越高，选择的范围就越小。
- 【平滑】下拉列表：可以选择【魔术棒】工具选取颜色的方式，可以在下拉列表中选择【像素】、【粗略】、【正常】和【平滑】这 4 个选项。

2.5.4　使用【手形】工具

当视图被放大或者舞台面积较大，整个场景无法在视图窗口中完整显示时，用户要查看场景中的某个局部，就可以使用【手形】工具。

选择【工具】面板中的【手形】工具，将光标移动到舞台中，当光标实现为形状时，按住鼠标拖动，可以调整舞台在视图窗口中的位置，如图 2-94 所示。

> **提示**
>
> 使用【手形】工具时，只会移动舞台，而对舞台中对象的位置没有任何影响。

图 2-94　使用【手形】工具

②.5.5　使用【缩放】工具

【缩放】工具🔍是最基本的视图查看工具，用于缩放视图的局部和全部。选择【工具】面板中的【缩放】工具🔍，在【工具】面板中会出现【放大】按钮🔍和【缩小】按钮🔍。

单击【放大】按钮后，光标在舞台中显示🔍形状，单击可以以当前视图比例的两倍进行放大，最大可以放大到 20 倍，如图 2-95 所示。单击【缩小】按钮，光标在设计区中显示🔍形状，在舞台中单击可以按当前视图比例的 1/2 进行缩小，最小可以缩小到原图的 8%，如图 2-96 所示。当视图无法再进行放大和缩小时，光标呈🔍形状。

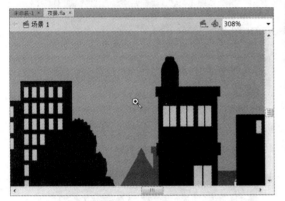

图 2-95　放大视图

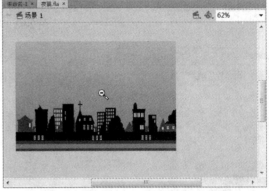

图 2-96　缩小视图

此外，在选择【缩放】工具后，在设计区中以拖动矩形框的方式来放大指定区域，放大的比例可以通过舞台右上角的【视图比例】下拉列表框查看，如图 2-97 所示。在 Flash CS6 中，支持的最大放大比例为 2000%。

图 2-97　查看视图比例

②.6　上机练习

本章的上机实验主要练习绘制小鸟图形，使用户更好地掌握 Flash CS6 的绘制图形工具的应用，以及填充颜色等一系列操作内容。

(1) 启动 Flash CS6 应用程序，选择【文件】|【新建】命令，新建一个 Flash 文档。

(2) 选择【文件】|【导入】|【导入到舞台】命令，打开【导入】对话框，选中【草地】文件，单击【打开】按钮，将草地图形导入到舞台中，并调整其位置，如图 2-98 所示。

(3) 选择【修改】|【文档】命令，打开【文档设置】对话框，设置【背景颜色】为天蓝色，然后单击【确定】按钮，此时舞台颜色变为天蓝色，如图 2-99 所示。

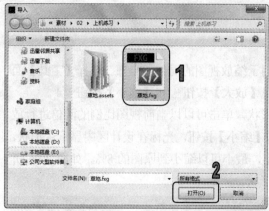

图 2-98　导入草地图形

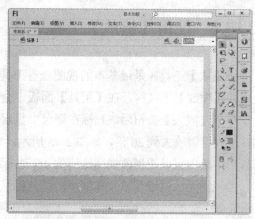

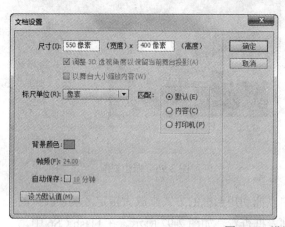

图 2-99　设置背景颜色

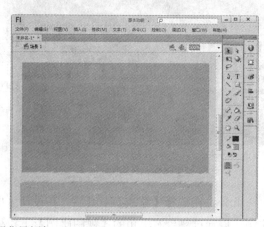

(4) 在【工具】面板上选择【缩放】工具，将视图放大到300%，选择【钢笔】工具，打开其【属性】面板，设置笔触颜色为桃红色，如图 2-100 所示。

(5) 在舞台中绘制小鸟的外形轮廓线，然后再使用【工具】面板上的【选择】工具和【部分选取】工具，对其进行调整，最后外形轮廓线如图 2-101 所示。

图 2-100　设置【钢笔】工具笔触颜色

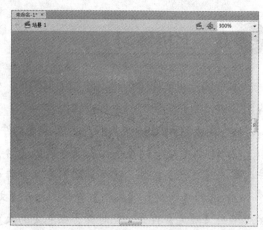

图 2-101　绘制小鸟轮廓线

(6) 选择【颜料桶】工具，打开其【属性】面板，将填充颜色设置为桃红色，单击舞台中小鸟轮廓线的内部，即可填充小鸟内部颜色，如图 2-102 所示。

图 2-102　填充小鸟内部颜色

(7) 使用相同的方法，在鸟背上绘制侧翼，填充颜色为深一点的桃红色，如图 2-103 所示。

(8) 选择【铅笔】工具，在鸟头内部绘制一个曲线，表示为笑弯的眼睛，再用【钢笔】工具绘制鸟嘴，填充色为黄色，此时小鸟图形如图 2-104 所示。

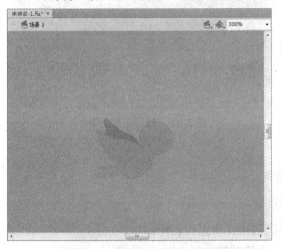

图 2-103　绘制侧翼并填充颜色

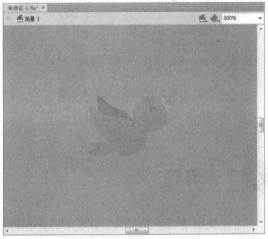

图 2-104　绘制鸟眼和鸟嘴

(9) 使用相同的方法，运用【钢笔】工具和【颜料桶】工具，绘制小鸟翅膀的花边和肚皮颜色，如图 2-105 所示。

(10) 使用【椭圆】工具，在其【属性】面板上设置填充颜色为黄色，笔触颜色为无，在边角上绘制一个圆形作为太阳，如图 2-106 所示。

(11) 选择 Deco 工具，打开其【属性】面板，【绘制效果】选择【3D 刷子】选项，【对象 1】颜色设置为黄色，其他对象皆不选中，如图 2-107 所示。然后在舞台中的太阳图形附近单击数下，绘制出阳光挥洒的效果，最后绘制完毕后如图 2-108 所示。

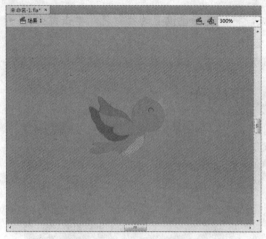

图 2-105　绘制小鸟其他部位

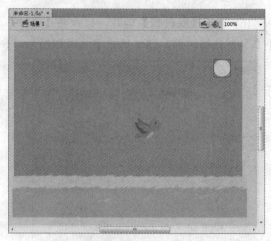

图 2-106　绘制太阳

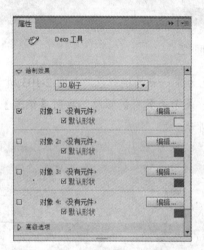

图 2-107　设置 Deco 工具属性

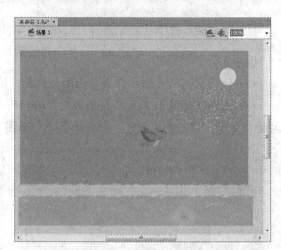

图 2-108　绘制图形完毕

②.7　习题

1. 在使用【钢笔】工具绘制图形时，各种不同的指针状态代表什么？

2. 使用 Flash CS6 里的基本绘图工具，绘制一个足球阵容示意图。

3. 使用填充工具，填充本章【例 2-2】图形里的荷花、荷叶以及山水颜色。

编辑和修改 Flash 图形

学习目标

Flash 图形对象绘制完毕后，可以对已经绘制的图形进行移动、复制、排列、组合等基本操作，还可以对图形对象进行旋转、缩放和扭曲等变形操作。为了使绘制的对象丰富多彩，使用【渐变变形】工具和【颜色】面板对颜色进行设置也是必不可少的操作。本章将主要介绍 Flash 图形的基本操作及变形转换、颜色调整、滤镜使用等编辑修改内容。

本章重点

- ◉ 排列和对齐图形
- ◉ 组合和分离图形
- ◉ 封套图形
- ◉ 使用【渐变变形】工具
- ◉ 使用 3D 工具

③.1 图形编辑的基本操作

图形对象的基本编辑主要包括一些改变图形的基本操作，如复制和粘贴操作。用户可以使用【工具】面板中相应的工具来进行编辑图形，排列、组合和分离对象等操作。

③.1.1 移动图形

在 Flash CS6 中，【选择】工具除了用来选择图形对象，还可以拖动对象来进行移动操作。而有时为了避免当前编辑的对象影响到其他对象，可以使用【锁定】命令来锁定图形对象。

在 Flash CS6 中，移动对象的具体操作方法如下。

● 使用【选择】工具：选中要移动的图形对象，按住鼠标拖动到目标位置即可。在移动过程中，被移动的对象以框线方式显示；如果在移动过程中靠近其他对象时，会自动显示与其他对象对齐的虚线，如图 3-1 所示。

提示

用户可以在使用【选择】工具移动对象时，按住 Shift 键使对象按照 45°角的增量进行平移。

图 3-1　移动图形对象

● 使用键盘上的方向键：在选中对象后，按下键盘上的↑、↓、←、→方向键即可移动对象，每按一次方向键可以使对象在该方向上移动 1 个像素。如果在按住 Shift 键的同时按方向键，每按一次键可以使对象在该方向上移动 10 个像素。

● 使用【信息】面板或【属性】面板：在选中了对象以后，选择【窗口】|【信息】命令打开【信息】面板，在【信息】面板或【属性】面板的 X 和 Y 文本框中输入精确的坐标后，按下 Enter 键即可将对象移动到指定坐标位置，移动的精度可以达到 0.1像素，如图 3-2 所示。

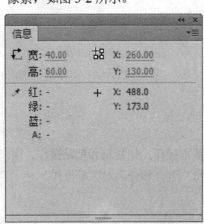

图 3-2　使用【信息】面板或【属性】面板移动图形对象

锁定对象就是指将对象暂时锁定，使其移动不了。选择要锁定的对象，然后选择【修改】|【排列】|【锁定】命令，或者按 Ctrl+Alt+L 键，使用鼠标移动锁定对象，则会发现移动不了，而鼠标光标也会呈 □ 状态，如图 3-3 所示。

图 3-3　锁定对象

③.1.2　复制图形

在 Flash CS6 中，复制图形对象可以使用菜单命令或键盘组合键，在【变形】面板中，还可以在复制对象的同时对对象应用变形。

关于复制和粘贴图形对象的几种操作方法如下。

- 使用菜单命令：选中要复制的对象，选择【编辑】|【复制】命令，然后选择【编辑】|【粘贴】命令可以粘贴对象；选择【编辑】|【粘贴到当前位置】命令，可以在保证对象的坐标没有变化的情况下，粘贴对象。

- 使用【变形】面板：选择对象，然后选择【窗口】|【变形】命令，打开【变形】面板。在该面板中可以设置了旋转或倾斜的角度，单击【重制选区并应用变形】按钮 就可以复制对象了，如图 3-4 所示。如图 3-5 所示为一个五角星以 45°角进行旋转，两次单击【复制并应用变形】按钮后所创建的图形。

图 3-4　【变形】面板

图 3-5　复制并应用变形

- 使用组合键：在移动对象的过程中，按住 Ctrl 键(或 Alt 键)拖动，此时光标变为 形状，可以拖动并复制该对象，如图 3-6 所示。

计算机 基础与实训教材系列

◉ 使用【直接复制】命令：在复制图形对象时，还可以选择【编辑】|【直接复制】命令，或按 Ctrl+D 键，对图形对象进行有规律的复制。如图 3-7 所示为使用了两次【直接复制】命令的五角星图形。

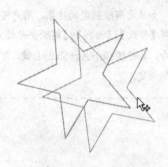

图 3-6 按住 Ctrl 键复制图形   图 3-7 使用【直接复制】命令

3.1.3 组合和分离图形

在创建复杂的 Flash 矢量图形时，为了避免图形之间的自动合并，可以对其进行组合，使其作为一个对象来进行整体操作处理。此外，组合后的对象也可以进行分离返回原始状态。

1. 组合图形对象

组合图形对象的方法是：先从舞台中选择需要组合的多个图形对象，然后选择【修改】|【组合】命令或按 Ctrl+G 快捷键，即可组合图形对象，如图 3-8 所示。

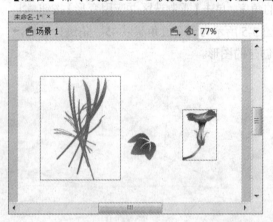

图 3-8 组合多个图形对象

如果需要对组中的单个对象进行编辑，则应选择【修改】|【取消组合】命令或按 Ctrl+Shift+G 快捷键取消组合的对象，或者在组合后的对象上双击即可。

2. 分离图形对象

对于组合对象，可以使用分离命令将其拆散为单个对象，也可将文本、实例、位图及矢量图等元素打散成一个个的独立像素点，以便进行编辑。

对于组合而成的组对象来说，可以选择【修改】|【分离】命令，将其分离开。这条命令和【修改】|【取消组合】命令所得到的效果是一样的，都是将组对象返回到原始多个对象的状态。如图 3-9 所示，"草叶"原本是一个组，选择【分离】命令后，分成了多个图形实例，在【属性】面板中可以看到属性变化。

而对于单个图形对象来说，选择【修改】|【分离】命令，可以把选择的对象分离成独立的像素点，如图 3-10 的"花"分离后，成为形状对象。

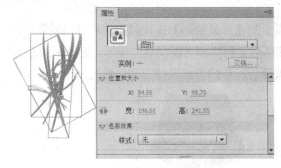

图 3-9　分离组合图形对象

图 3-10　分离单个图形对象

③.1.4　排列和对齐图形

在同一图层中，绘制的 Flash 图形会根据创建的顺序层叠对象，用户可以使用【修改】|【排列】命令或【修改】|【对齐】命令将图形对象进行上下或横向排列。

1. 排列图形对象

当在舞台上绘制多个图形对象时，Flash 会以层叠的方式显示各个图形对象。若要把下方的图形放置在最上方，则可以选中该对象后，选择【修改】|【排列】|【移至顶层】命令完成操作，如图 3-11 所示为将底层图形对象移至顶层。

图 3-11　将图形移至顶层

提示

　　如果想将图形对象向上移动一层，则可以在选中该对象后选择【修改】|【排列】|【上移一层】命令，即可完成操作。若想向下移动一层，可选择【修改】|【排列】|【下移一层】命令。若想将上层的图形对象移到最下层，则选择【修改】|【排列】|【移至底层】命令即可。

2. 层叠图形对象

　　当绘制多个图形时，需要启用【工具】面板上的【对象绘制】按钮，这样画出的图形在重叠中才不会影响其他图形，否则上面的图形移动后会删除掉下面层叠的图形。如图 3-12 所示为没有使用【对象绘制】功能，所产生的图形重叠后再移动会删除掉下面层叠的图形。

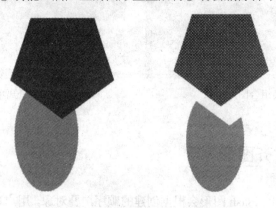

图 3-12　未用【对象绘制】功能的图形移动

3. 对齐图形对象

　　打开【对齐】面板，在该面板中可以进行对齐对象的操作。要对多个对象进行对齐与分布操作，先选中图形对象，然后选择【修改】|【对齐】命令，在子菜单中选择多种对齐命令，如图 3-13 所示；或者选择【窗口】|【对齐】命令，打开【对齐】面板进行设置，如图 3-14 所示。

左对齐(L)	Ctrl+Alt+1
水平居中(C)	Ctrl+Alt+2
右对齐(R)	Ctrl+Alt+3
顶对齐(T)	Ctrl+Alt+4
垂直居中(V)	Ctrl+Alt+5
底对齐(B)	Ctrl+Alt+6
按宽度均匀分布(D)	Ctrl+Alt+7
按高度均匀分布(H)	Ctrl+Alt+9
设为相同宽度(M)	Ctrl+Alt+Shift+7
设为相同高度(S)	Ctrl+Alt+Shift+9
与舞台对齐(G)	Ctrl+Alt+8

图 3-13　对齐命令

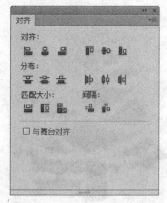

图 3-14　【对齐】面板

其中各类对齐选项的作用如下。

- 单击【对齐】面板中【对齐】选项区域中的【左对齐】、【水平居中】、【右对齐】、【上对齐】、【垂直居中】和【底对齐】按钮，可设置对象的不同方向对齐方式。
- 单击【对齐】面板中【分布】选项区域中的【顶部分布】、【垂直居中分布】、【底部分布】、【左侧分布】、【水平居中分布】和【右侧分布】按钮，可设置对象不同方向的分布方式。
- 单击【对齐】面板中【间隔】区域中的【垂直平均间隔】 和【水平平均间隔】 按钮，可使对象在垂直方向或水平方向上等间距分布。
- 选中【与舞台对齐】复选框，可以使对象以设计区的舞台为标准，进行对象的对齐与分布设置；如果取消选中状态，则以选择的对象为标准进行对象的对齐与分布。

③.1.5　贴紧图形

如果要使对象彼此自动对齐，可以使用贴紧功能。Flash CS6 中为贴紧对齐图形对象主要提供了 3 种方式，即【贴紧至对象】、【贴紧至像素】和【贴紧对齐】。

1. 贴紧至对象

【贴紧至对象】功能可以使对象沿着其他对象的边缘，直接与它们对齐的对象贴紧。选择对象后，选择【视图】|【贴紧】|【贴紧至对象】命令；或者选择【工具】面板上的【选择】工具后单击【工具】面板底部的【贴紧至对象】按钮 也能使用该功能。执行以上操作后，当拖动图形对象时，指针下会出现黑色小环，当对象处于另一个对象的贴紧距离内时，该小环会变大，放开即可和另一个对象边缘贴紧，如图 3-15 所示。

> **提示**
>
> 使用贴紧功能主要是用于将形状对象和运动路径贴紧，从而更方便地制作动画。

图 3-15　贴紧至对象

2. 贴紧至像素

【贴紧至像素】可以在舞台上，将图形对象直接与单独的像素或像素的线条贴紧。选择【视图】|【网格】|【显示网格】命令，让舞台显示网格。然后选择【视图】|【网格】|【编辑网格】

命令，在【网格】对话框中设置网格尺寸为 1×1 像素，选择【视图】|【贴紧】|【贴紧至像素】命令，选择【工具】面板上的【矩形】工具，在舞台上随意绘制矩形图形时，会发现矩形的边缘紧贴至网格线，如图 3-16 所示。

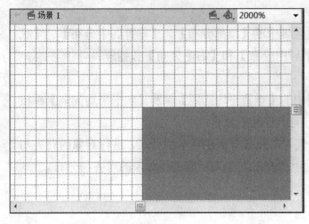

图 3-16　贴紧至像素

> **提示**
>
> 如果网格以默认尺寸显示，可以选择【视图】|【贴紧】|【贴紧至网格】命令，同样可以使图形对象边缘和网格边缘贴紧。

3. 贴紧对齐

【贴紧对齐】功能可以按照指定的贴紧对齐容差，即对象和其他对象之间或对象与舞台边缘的预设边界进行对齐对象。

要设置对齐容差的参数值，可以选择【视图】|【贴紧】|【编辑贴紧方式】命令，在打开的【编辑贴紧方式】对话框中，单击【高级】按钮，展开选项进行设置，如图 3-17 所示。要进行贴紧对齐，可以选择【视图】|【贴紧】|【贴紧对齐】命令，此时当拖动一个图形对象至另一个对象边缘时，会显示对齐线，此时松开鼠标，则两个对象互为贴紧对齐，如图 3-18 所示。

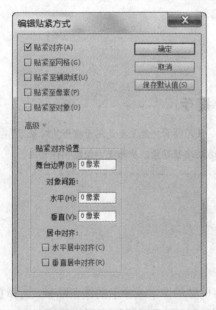

图 3-17　【编辑贴紧方式】对话框

图 3-18　贴紧对齐

【例 3-1】使用编辑和绘制图形技巧制作一张邮票。

(1) 启动 Flash CS6 程序，选择【文件】|【新建】命令，新建一个 Flash 文档。右击舞台，选择快捷菜单中的【文档属性】命令，打开【文档设置】对话框，设置背景颜色为黑色，如图 3-19 所示。

(2) 选择【文件】|【导入】|【导入到舞台】命令，打开【导入】对话框，选择【郁金香】位图文件，然后单击【打开】按钮，如图 3-20 所示。

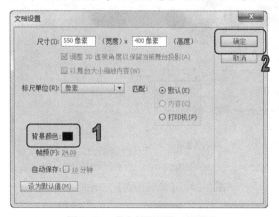

图 3-19 【文档设置】对话框

图 3-20 【导入】对话框

(3) 选择【工具】面板中的【任意变形】工具，选择导入图形，控制其周围锚点，改变图形大小和位置，效果如图 3-21 所示。

(4) 选择【工具】面板中的【矩形】工具，打开其【属性】面板，设置【填充颜色】为无，【笔触颜色】为红色，【笔触】大小为 10，如图 3-22 所示。

图 3-21 设置图像大小和位置

图 3-22 设置矩形属性

(5) 单击【对象绘制】按钮后，在舞台上绘制矩形，其尺寸和位置与导入的郁金香图形相同，效果如图 3-23 所示。

(6) 选中该矩形，在其【属性】面板上单击【编辑笔触样式】按钮，打开【笔触样式】对话框，选择【类型】为"点状线"，【点距】为9，【粗细】为24，然后单击【确定】按钮，如图 3-24 所示。

图 3-23　绘制矩形

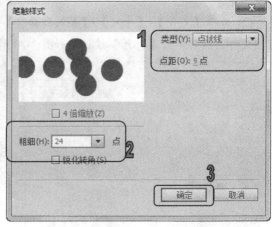

图 3-24　【笔触样式】对话框

(7) 此时，矩形线条在舞台上的效果如图 3-25 所示。

(8) 选中位图图形，选择【修改】|【分离】命令将其分离为形状，再选中矩形线条对象，选择【修改】|【形状】|【将线条转换为填充】命令，然后再选择【修改】|【分离】命令将线条分离为形状，此时图形效果如图 3-26 所示。

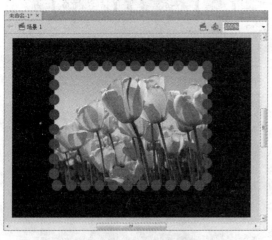

图 3-25　矩形效果

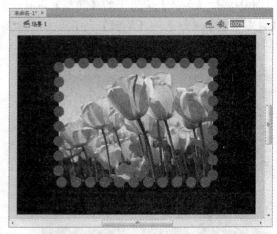

图 3-26　分离图形

(9) 此时，默认选中矩形线条，按 Delete 键将其删除，此时邮票的锯齿形外轮廓即可显示出来，如图 3-27 所示。

(10) 此时邮票图形完成，用户可以选择【文件】|【保存】命令，打开【另存为】对话框，命名文件名为"制作邮票"，单击【保存】按钮将其保存，如图 3-28 所示。

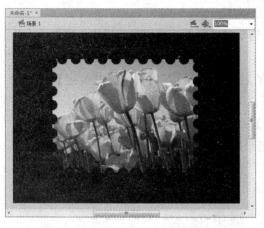

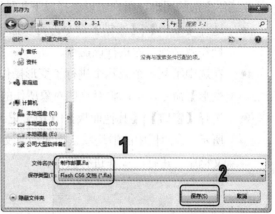

图 3-27　邮票锯齿型效果　　　　　　　　　图 3-28　保存文档

③.2　图形的变形和转换

在使用 Flash 图形过程中，可以调整图形在舞台中的比例，以及改变图形的形状。用户对图形变形和转换的操作包括翻转、旋转、扭曲、缩放、封套等方式。

③.2.1　翻转图形

用户在选择了图形对象后，可以将其翻转倒立过来，编辑以后如果不满意还可以还原对象。

选择了图形对象以后，选择【修改】|【变形】命令，在子菜单中可以选中【垂直翻转】或【水平翻转】命令，可以使所选定的对象进行垂直或水平翻转，而不改变该对象在舞台上的相对位置，如图 3-29 所示。

原图　　　　　　　　　　　水平翻转　　　　　　　　　　　垂直翻转

图 3-29　翻转图形

要还原变形的图形，用户可以选择以下几种还原方法。

⦿ 选择【编辑】|【撤销】命令，可以撤销整个文档最近一次所做的操作，要撤销多步操作就必须多次执行该命令。

⦿ 在选中了某一个或几个进行了变形操作的对象以后，选择【修改】|【变形】|【取消变形】命令，可以将对这些对象所作的所有变形一次性全部撤销。

⦿ 选择【窗口】|【其他面板】|【历史记录】命令，打开【历史记录】面板，如图 3-30 所示。该面板中的滑块默认指向当前文档最后一次执行的步骤，拖动该滑块，即可对文档中已进行的操作进行撤销。

图 3-30　【历史记录】面板

提示

在【历史记录】面板中，可以按步骤的执行顺序来记录步骤；可以一次撤销或重做个别步骤或多个步骤；可以将【历史记录】面板中的步骤应用于文档中的同一对象或不同对象。但是，不能重新排列【历史记录】面板中的步骤顺序。

③.2.2　旋转图形

在 Flash CS6 中，使用【任意变形】工具 ![] 可以用来对图形对象进行旋转和倾斜的操作。

选中【任意变形】工具 ![]，在【工具】面板中会显示【贴紧至对象】、【旋转和倾斜】、【缩放】、【扭曲】和【封套】按钮，如图 3-31 所示。选中对象，在对象的四周会显示 8 个控制点■，在中心位置会显示 1 个变形点◇，如图 3-32 所示。

图 3-31　【工具】面板

图 3-32　使用【任意变形】工具选择对象

旋转与倾斜图形对象可以在垂直或水平方向上缩放，还可以在垂直和水平方向上同时缩放。选择【工具】面板中的【任意变形】工具，然后单击【旋转与倾斜】按钮，选中对象，当光标显示为 形状时，可以旋转对象；当光标显示为 形状时，可以水平方向倾斜对象；当光标显示 形状时，可以垂直方向倾斜对象，如图 3-33 所示。

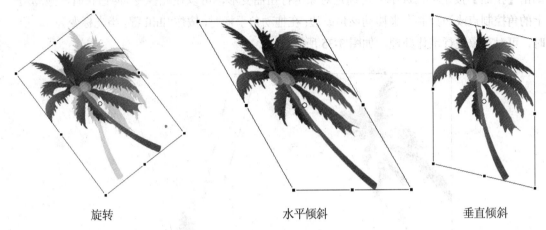

旋转　　　　　　　　　水平倾斜　　　　　　　　　垂直倾斜

图 3-33　旋转和倾斜图形

③.2.3　缩放图形

　　缩放图形对象可以在垂直或水平方向上缩放，还可以在垂直和水平方向上同时缩放。选择【工具】面板中的【任意变形】工具，然后单击【缩放】按钮，选中要缩放的对象，对象四周会显示框选标志，拖动对象某条边上的中点可将对象进行垂直或水平的缩放，拖动某个顶点，则可以使对象在垂直和水平方向上同时进行缩放，如图 3-34 所示。

水平缩放　　　　　　　　　垂直缩放　　　　　　　　　水平和垂直缩放

图 3-34　缩放图形

③.2.4 扭曲图形

扭曲操作可以对图形对象进行锥化处理。选择【工具】面板中的【任意变形】工具，然后单击【扭曲】按钮，选中要对选定对象进行扭曲变形，可以在光标变为形状时，拖动边框上的角控制点或边控制点来移动该角或边；在拖动角手柄时，按住 Shift 键，当光标变为形状时，可对对象进行锥化处理，如图 3-35 所示。

图 3-35　扭曲和锥化图形

③.2.5 封套图形

封套操作可以对图形对象进行任意形状的修改。选择【工具】面板中的【任意变形】工具，然后单击【封套】按钮，选中对象，在对象的四周会显示若干控制点和切线手柄，拖动这些控制点及切线手柄，即可对对象进行任意形状的修改，如图 3-36 所示。

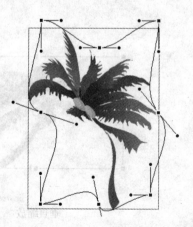

图 3-36　封套图形

提示

　　【旋转与倾斜】和【缩放】按钮可应用于舞台中的所有对象，【扭曲】和【封套】按钮都只适用于图形对象或者分离后的图像。

---

③.3　图形颜色调整

　　在前面的章节学习了填充图形的颜色，如果用户需要自定义颜色或者对已经填充的颜色进行调整，那么需要用到【颜色】面板。另外，使用【渐变变形】工具可以进行颜色的填充变形，如过渡色、旋转颜色和拉伸颜色等。

③.3.1　使用【颜色】面板

　　在菜单上选择【窗口】|【颜色】命令，可以打开【颜色】面板，如图 3-37 所示。该面板左上方的按钮与工具栏中的颜色工具功能相同。打开右侧的下拉列表框，可以选择【无】、【纯色】、【线性渐变】、【径向渐变】和【位图填充】5 种填充方式，如图 3-38 所示。

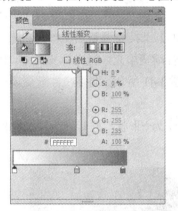

　　　图 3-37　【颜色】面板　　　　　　　图 3-38　设置颜色填充方式

　　在颜色面板的中部有选色窗口，用户可以在窗口右侧拖动滑块中的调节色域，然后在窗口中选中需要的颜色；在右侧分别提供了 HSB 颜色组合项和 RGB 颜色组合项，用户可以直接输入数值以合成颜色；下方的【A：】选项其实是原来的 Alpha 透明度设置项，100%为不透明，0%为全透明，用户可以在该选项中设置颜色的透明度；设置或选择的颜色，将会在下方的颜色预览区域显示，以供用户核准。

　　单击【笔触颜色】和【填充颜色】选项后面的颜色控件，可以在弹出的【调色板】面板中选择标准颜色，如图 3-39 所示。在【调色板】面板中单击右上角的【颜色选择器】按钮█，打开【颜色】对话框，在该对话框中可以在【基本颜色】选项组或【自定义颜色】选项中选取系统自带或自定义的颜色，如图 3-40 所示。

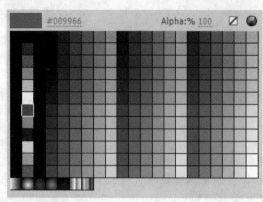
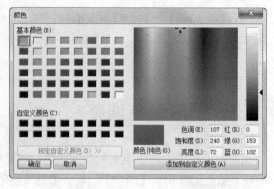

图 3-39 【调色板】面板   图 3-40 【颜色】对话框

3.3.2 使用【渐变变形】工具

【渐变变形】工具 与【任意变形】工具 在同一个工具组中。使用【渐变变形】工具 ，可以通过调整填充的大小、方向或者中心位置，对渐变填充或位图填充进行变形操作。

1. 线性渐变填充

使用线性渐变填充图形后，可以使用【渐变变形】工具 调整渐变填充。选择【工具】面板中的【渐变变形】工具 ，将光标指向图形的线性渐变填充，当光标变为 形状时，单击线性渐变填充即可显示线性渐变填充的调节手柄，如图 3-41 所示。调整线性渐变填充的具体操作方法如下。

- 将光标指向中间的圆形控制柄 时，光标变为 形状，此时拖动该控制柄可以调整线性渐变填充的位置，如图 3-42 所示。

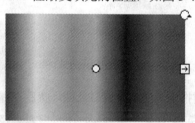

图 3-41 线性渐变填充的调节手柄   图 3-42 调整线性渐变填充的位置

- 将光标指向右边中间的方形控制柄 时，光标变为 形状，拖动该控制柄可以调整线性渐变填充的缩放，如图 3-43 所示。
- 将光标指向右上角的环形控制柄 时，光标变为 形状，拖动该控制柄可以调整线性渐变填充的方向，如图 3-44 所示。

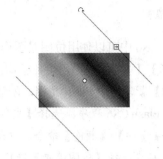

图 3-43 调整线性渐变填充的缩放   图 3-44 调整线性渐变填充的方向

2. 径向渐变填充

径向渐变填充即为以前版本所称的放射状填充，该填充的方法与调整线性渐变填充方法类似，选择【工具】面板中的【渐变变形】工具 ，单击径向渐变填充图形，即可显示径向渐变填充的调节柄，如图 3-45 所示。调整径向渐变填充的具体操作方法如下。

- 将光标指向中心的控制柄⊗时光标变为✦形状，拖动该控制柄可以调整径向渐变填充的位置，如图 3-46 所示。

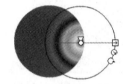

图 3-45 显示径向渐变的调整柄   图 3-46 调整径向渐变填充的位置

- 将光标指向圆周上的方形控制柄⊟时光标变为↔形状，拖动该控制柄，可以调整径向渐变填充的宽度，如图 3-47 所示。
- 将光标指向圆周上中间的环形控制柄⊙时光标变为⊙形状，拖动该控制柄，可以调整径向渐变填充的半径，如图 3-48 所示。

图 3-47 调整径向渐变填充的宽度   图 3-48 调整径向渐变填充的半径

- 将光标指向圆周上最下面的环形控制柄↻时光标变为✤形状，拖动该控制柄可以调整径向渐变填充的方向，如图 3-49 所示。

图 3-49 调整径向渐变填充的方向

3. 位图填充

在 Flash CS6 中可以使用位图对图形进行填充。设置了图形的位图填充后，选择工具箱中的【渐变变形】工具 ，在图形的位图填充上单击，即可显示位图填充的调节柄。

【例 3-2】新建一个 Flash 文档，创建并修改位图填充效果。

(1) 启动 Flash CS6 程序，选择【文件】|【新建】命令，新建一个 Flash 文档。

(2) 选择【窗口】|【颜色】命令，打开【颜色】面板，单击【填充样式】按钮，然后在【类型】下拉列表框中选择【位图填充】选项，如图 3-50 所示。

(3) 选择【文件】|【导入】|【导入到库】命令，打开【导入到库】对话框，选中位图文件，单击【打开】按钮后导入位图文件，如图 3-51 所示。

图 3-50　【颜色】面板

图 3-51　【导入到库】对话框

(4) 在【工具】面板中选择【矩形】工具，在舞台中拖动鼠标绘制一个具有位图填充的矩形形状，如图 3-52 所示。

(5) 在【工具】面板中选择【渐变变形】工具 ，选中需要填充的位图，拖动左下角上的圆形控制柄，将该填充图形等比例缩小，如图 3-53 所示。

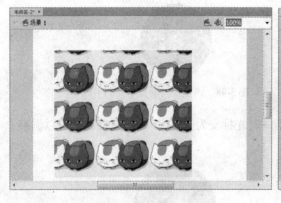

图 3-52　绘制矩形

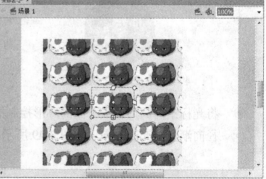

图 3-53　缩小填充图形

(6) 拖动右上角的圆形控制柄，使该图形顺时针旋转一定角度。调整后的位图填充效果，如图 3-54 所示。

(7) 选择【文件】|【保存】命令，打开【另存为】对话框，将该文档命名为"位图填充"，单击【保存】按钮将其保存，如图 3-55 所示。

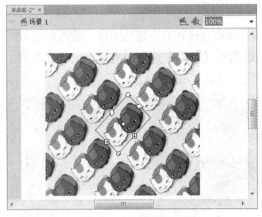

图 3-54　旋转位图填充

图 3-55　保存文档

③.3.3　调整色彩显示效果

在 Flash CS6 中可以调整舞台中图形或其他对象的色彩显示效果，能够改变对象的亮度、色调以及透明度等，为动画的制作提供了更高层次的特殊效果。

1. 调整亮度

选中图形对象后，打开其【属性】面板，其中的【亮度】选项用于调节元件实例的相对亮度和暗度。在【色彩效果】选项区域中的【样式】下拉列表框内选择【亮度】选项，拖动出现的滑块，或者在右侧的文本框内输入数值，改变对象的亮度，亮度的度量范围是从黑(-100%)到白(100%)，如图 3-56 所示。

图 3-56　调整亮度

2. 调整色调

【色调】选项用来使用相同的色相为元件实例着色，其度量范围是从透明(0%)到完全饱和(100%)。

在【色彩效果】的【样式】下拉列表框内选择【色调】选项，此时会出现一个【着色】按钮和【色调】、【红】、【绿】、【蓝】4 个滑块，如果单击【着色】色块控件，将会弹出的【调色板】供用户选择颜色，如图 3-57 所示。

通过拖动【红】、【绿】、【蓝】3 个选项的滑块，或者直接在其右侧文本框内输入颜色数值，来改变对象的色调。当色调设置完成后，可以通过拖动【色调】选项的滑块，或者在其右侧的文本框内输入颜色数值，来改变对象的色调饱和度，如图 3-58 所示。

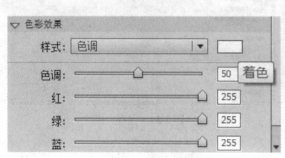

图 3-57　【色调】选项

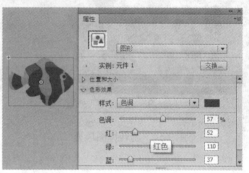

图 3-58　调整色调

3. 调整透明度

Alpha 选项用来设置对象的透明度，其度量范围从透明(0%)到不透明(100%)。

在【色彩效果】选项的【样式】下拉列表框中选择 Alpha 选项，拖动滑块，或者在右侧的文本框内输入百分比数值，即可改变对象的透明度，如图 3-59 所示。

除了以上几个选项来进行色彩效果的改变，还有个【高级】选项。该选项是集合了亮度、色调、Alpha 这 3 个选项为一体的选项，可以帮助用户在图形上制作全面丰富的色彩效果，如图 3-60 所示。

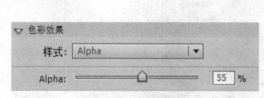

图 3-59　调整透明度

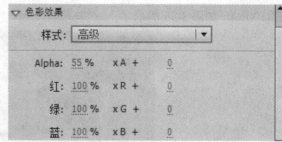

图 3-60　【高级】选项

③.4　使用 3D 变形工具

使用 Flash CS6 提供的 3D 变形工具可以在 3D 空间对 2D 对象进行动画处理，3D 变形工具包括【3D 旋转】工具和【3D 平移】工具。

③.4.1　使用【3D 平移】工具

使用【3D 平移】工具 可以在 3D 空间中移动【影片剪辑】实例。在【工具】面板上选择【3D 平移】工具 ，选择【影片剪辑】实例，在实例的 X、Y 和 Z 轴将显示在对象的顶部。X 轴显示为红色、Y 轴显示为绿色，Z 轴显示为红绿线交接的黑点，如图 3-61 所示。

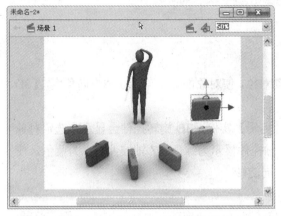

图 3-61　使用【3D 平移】工具

在 3D 空间中移动对象的具体方法如下。

- 拖动移动对象：选中实例的 X、Y 或 Z 轴控件，X 和 Y 轴控件是轴上的箭头。按控件箭头的方向拖动，可以沿所选轴方向移动对象。Z 轴控件是影片剪辑中间的黑点。上下拖动 Z 轴控件可在 Z 轴上移动对象。如下图所示分别为在 Y 轴方向上拖动对象和在 Z 轴上移动对象，如图 3-62 所示。
- 使用【属性】面板移动对象：打开【属性】面板，打开【3D 定位和查看】选项卡，在 X、Y 或 Z 轴输入坐标位置数值即可完成移动，如图 3-63 所示。

图 3-62　在 Z 轴方向移动对象

图 3-63　【3D 定位和查看】选项卡

选中多个对象后，如果选择【3D 平移】工具移动某个对象，其他对象将以移动对象的相同方向移动。在全局和局部模式中移动多个对象的方法如下。

计算机 基础与实训教材系列

- 在全局模式 3D 空间中以相同方式移动多个对象，拖动轴控件移动一个对象，其他对象同时移动。按下 Shift 键，双击其中一个选中对象，可以将轴控件移动到多个对象的中间位置。

- 在局部模式 3D 空间中以相同方式移动多个对象，拖动轴控件移动一个对象，其他对象同时移动。按下 Shift 键，双击其中一个选中对象，可以将轴控件移动到该对象上。

③.4.2 使用【3D 旋转】工具

使用【3D 旋转】工具，可以在 3D 空间移动对象，使对象能显示某一立体方向角度，【3D 旋转】工具是绕对象的 Z 轴进行旋转的。

选择【3D 旋转】工具，选中舞台中的【影片剪辑】实例，3D 旋转控件会显示在选定对象上方，如图 3-64 所示。X 轴控件显示为红色、Y 轴控件显示为绿色、Z 轴控件显示为蓝色。使用橙色自由旋转控件，可以同时围绕 X 和 Y 轴方向旋转。

在 3D 空间中，旋转对象的具体方法如下。

- 选择一个旋转轴控件，可以绕该轴方向旋转对象，或拖动自由旋转控件(外侧橙色圈)同时在 X 和 Y 轴方向旋转对象，如图 3-65 所示。

图 3-64　使用【3D 旋转】工具　　　　　图 3-65　在 X 和 Y 轴方向旋转对象

- 左右拖动 X 轴控件，可以绕 X 轴方向旋转对象。上下拖动 Y 轴控件，可以绕 Y 轴方向旋转对象。拖动 Z 轴控件，可以绕 Z 轴方向旋转对象，进行圆周运动。

- 如果要相对于对象重新定位旋转控件中心点，拖动控件中心点即可。

- 按下 Shift 键，旋转对象，可以以 45°为增量倍数，约束中心点的旋转对象。

- 移动旋转中心点控制旋转对象和外观，双击中心点可将其移回所选对象中心位置。

- 对象的旋转控件中心点的位置属性在【变形】面板中显示为【3D 中心点】，可以在【变形】面板中修改中心点的位置，如图 3-66 所示。

要重新定位 3D 旋转控件中心点，有以下几种方法。

- 要将中心点移动到任意位置，直接拖动中心点即可。

- 要将中心点移动到一个选定对象的中心，按下 Shift 键，双击对象。
- 若将中心点移动到多个对象的中心，双击中心点即可。

图 3-66　【变形】面板

计算机 基础与实训教材系列

提示

在【变形】面板中，还可以在【3D 旋转】选项区域中的 X、Y 和 Z 轴输入旋转度数。

③.4.3　透视角度和消失点

透视角度和消失点是控制 3D 动画在舞台上的外观视角和 Z 轴方向，它们可以在使用 3D 工具后的【属性】面板里查看并加以调整。

1. 调整透视角度

在 Flash CS6 中，透视角度属性控制 3D 影片剪辑元件在舞台上的外观视角。使用【3D 平移】或【3D 旋转】工具选中对象后，在【属性】面板中⬛图标后修改数值可以调整透视角度的大小，如图 3-67 所示。

增大透视角度可以使对象看起来很远，减小透视角度则造成相反的效果。如图 3-68 所示为增大透视角度的效果。

图 3-67　调整透视角度

图 3-68　增大透视角度

 知识点

透视角度属性会影响应用了 3D 变形工具的所有影片剪辑对象。默认透视角度 55°，透视角度范围为 1°～180°。

2. 调整消失点

在 Flash CS6 中，消失点属性控制 3D 影片剪辑元件在舞台上的 Z 轴方向，所有影片剪辑的 Z 轴都朝着消失点后退。使用【3D 平移】或【3D 旋转】工具选中对象后，在【属性】面板中 图标后修改数值可以调整消失点的坐标，如图 3-69 所示。

调整消失点坐标数值，使影片剪辑对象发生改变，可以精确地控制对象的外观和位置，如图 3-70 所示。

图 3-69　调整消失点

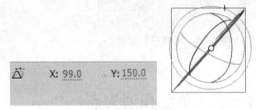

图 3-70　调整数值

> **提示**
>
> 由于消失点影响所有影片剪辑，所以更改消失点也会更改应用了 Z 轴平移的所有影片剪辑的位置。

③.5　上机练习

本章的上机实验主要练习创建一个镜像图形，使用户更好地掌握编辑 Flash 图形的基本操作，以及使用 3D 工具的一些基本操作内容。

(1) 启动 Flash CS6，新建一个文档，打开舞台的【文档设置】对话框，背景颜色选择橘色，然后单击【确定】按钮，如图 3-71 所示。

(2) 选择【文件】|【导入】|【导入到舞台】命令，打开【导入】对话框，选择【镜面】文件，然后单击【打开】按钮，如图 3-72 所示。

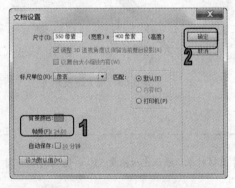

图 3-71　【文档设置】对话框

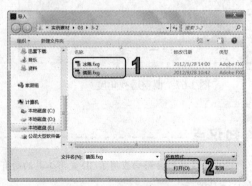

图 3-72　【导入】对话框

(3) 选择【工具】面板里的【3D 旋转】工具，旋转【镜面】影片剪辑，形成一个平铺在舞台里的镜面效果，可以用【任意变形】工具进行大小和位置的调整，如图 3-73 所示。

(4) 选择【文件】|【导入】|【导入到舞台】命令，打开【导入】对话框，选择【冰箱】文件，然后单击【打开】按钮，如图 3-74 所示。

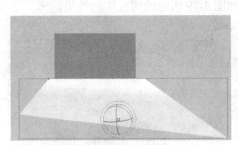
图 3-73 使用【3D 旋转】工具

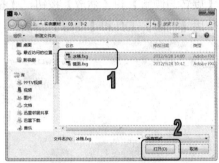
图 3-74 【导入】对话框

(5) 使用 Ctrl+C 和 Ctrl+V 键复制和粘贴冰箱图形，然后选择【修改】|【变形】|【垂直翻转】命令，将其复制图形翻转成为镜面反射图形，如图 3-75 所示。

(6) 使用【3D 旋转】工具选中翻转的冰箱图形，将其旋转至和镜面一致的位置，如图 3-76 所示。

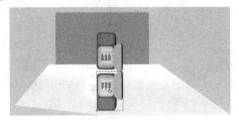
图 3-75 调整图形

图 3-76 使用【3D 旋转】工具

(7) 打开其【属性】面板，打开其中的【滤镜】选项卡，单击【添加滤镜】按钮，选中【模糊】滤镜，在【模糊 X】和【模糊 Y】后面输入 "7" 像素，【品质】下拉列表中选择【高】，如图 3-77 所示。

(8) 此时，再用【选择】工具调整下图形的各自位置，最后的显示效果如图 3-78 所示。

图 3-77 添加滤镜效果

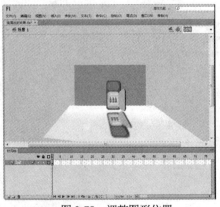
图 3-78 调整图形位置

③.6 习题

1. 对于已经删除的对象，可以选择什么命令，或按下什么键，来恢复删除对象操作？

2. 【旋转与倾斜】和【缩放】按钮，【扭曲】和【封套】按钮都分别适用于哪些对象？

3. 使用【椭圆】工具和【变形】面板，绘制如图 3-79 所示的树桩年轮效果。

图 3-79 绘制树桩年轮

第4章

创建和编辑 Flash 文本

学习目标

文本是 Flash 动画中重要的组成元素之一，它不仅可以帮助影片表述内容，也可以对影片起到一定的美化作用。Flash CS6 在丰富原有传统文本模式的基础上，又新增了 TLF 文本模式。本章将主要介绍 Flash 传统文本和 TLF 文本的创建和编辑，以及给文本对象添加滤镜效果。

本章重点

- 创建 Flash 文本
- 设置 Flash 文本属性
- 分离和变形 Flash 文本
- 文本添加滤镜效果
- 文本之间流动

4.1 创建 Flash 文本

用户可以使用【工具】面板中的【文本】工具 T 来创建文本对象。在创建文本对象之前，首先还需要明确所使用的文本类型，然后通过文本工具创建对应的文本框，从而实现不同类型的文本对象的创建方法。

4.1.1 Flash 文本类型

使用【文本】工具可以创建多种类型的文本。从 Flash CS5 开始，除了以前的传统文本模式以外，还增添了 TLF 文本模式。在 Flash CS6 中，TLF 文本支持更多丰富的文本布局以及对文本属性有更精密的控制功能。

1. 传统文本类型

在 Flash CS6 中，传统文本可分为以下 3 种类型。

⦿ 静态文本：默认状态下创建的文本对象均为静态文本，它在影片的播放过程中不会发生动态改变，因此常被用来作为说明文字。

⦿ 动态文本：该文本对象中的内容可以动态改变，甚至可以随着影片的播放自动更新，如用于比分或者计时器等方面的文字。

⦿ 输入文本：该文本对象在影片的播放过程中用于在用户与 Flash 动画之间产生交互，如在表单中输入用户姓名等信息。

2. TLF 文本类型

在 Flash CS6 中，TLF 文本可分为以下 3 种类型。

⦿ 只读：当作为 SWF 文件发布时，文本无法选中或编辑。

⦿ 可选：当作为 SWF 文件发布时，文本可以选中并可复制到剪贴板，但不能编辑。对于 TLF 文本，此设置是默认设置。

⦿ 可编辑：当作为 SWF 文件发布时，文本可以选中和编辑。

当打开 Flash CS6 的【文本】工具的【属性】面板时，可以在【文本工具】选项区域里选择下拉列表中的【传统文本】和 TLF 文本选项，然后再选择相应的文本类型，创建文本。如图 4-1 所示为【属性】面板中的【传统文本】类型和【TLF 文本】类型。

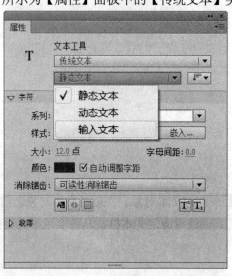 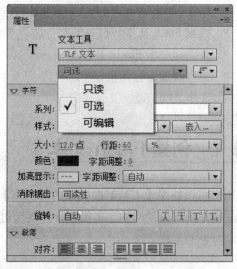

图 4-1　【传统文本】类型和【TLF 文本】类型

④.1.2 传统文本

传统文本是 Flash 的基础文本模式，它在图文制作方面发挥着重要的作用。传统文本类型可分为静态文本、动态文本、输入文本 3 种。

1. 静态文本

　　要创建静态水平文本，首先应在工具箱中选择【文本】工具 T，当光标变为 ┼ 形状时，在舞台中单击即可创建一个可扩展的静态水平文本框，该文本框的右上角具有圆形手柄标识，其输入区域可随需要自动横向延长。如图 4-2 所示。

　　如果选择【文本】工具 T 后在舞台中拖放，则可以创建一个具有固定宽度的静态水平文本框，该文本框的右上角具有方型手柄标识，其输入区域宽度是固定的，当输入文本超出宽度时将自动换行，如图 4-3 所示。

图 4-2　可扩展的静态水平文本框　　　　图 4-3　具有固定宽度的静态水平文本框

> **提示**
>
> 　　在【文本】工具的属性面板中单击【改变文本方向】按钮，在打开的菜单中根据需要选择【水平】、【垂直】或【垂直，从右向左】命令，可以改变静态文本的方向。

2. 动态文本

　　要创建动态文本，选择【文本】工具 T，打开【属性】面板，单击【静态文本】按钮，在弹出的菜单中可以选择【动态文本】类型，如图 4-4 所示。此时单击舞台，可以创建一个具有固定宽度和高度的动态水平文本框，拖动可以创建一个自定义固定宽度的动态水平文本框；在文本框中输入文字，即可创建动态文本，如图 4-5 所示。

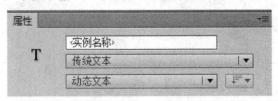

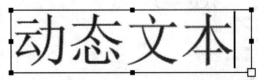

图 4-4　选择【动态文本】类型　　　　　　图 4-5　创建动态文本

计算机 基础与实训教材系列

此外，用户还可以创建动态可滚动文本，动态可滚动文本框的特点是：可以在指定大小的文本框内显示超过该范围的文本内容。

在 Flash CS6 中，创建动态可滚动文本有以下几种方法。

- 按住 Shift 键的同时双击动态文本框的圆形或方形手柄。
- 使用【选择】工具 选中动态文本框，然后选择【文本】|【可滚动】命令。
- 使用【选择】工具 选中动态文本框，右击该动态文本框，在打开的快捷菜单中选择【可滚动】命令。

创建滚动文本后，其文本框的右下方会显示一个黑色的实心矩形手柄，如图 4-6 所示。

动态可滚动文本

图 4-6　创建动态可滚动文本

3. 输入文本

输入文本可以在动画中创建一个允许用户填充的文本区域，因此它主要出现在一些交互性比较强的动画中，如有些动画需要用到内容填写、用户名或者密码输入等操作，就都需要添加输入文本。

选择【文本】工具 T，在【属性】面板中选择【输入文本】类型后，此时单击舞台，可以创建一个具有固定宽度和高度的动态水平文本框；拖动水平文本框可以创建一个自定义固定宽度的动态水平文本框。

【例 4-1】使用创建输入文本的方法，制作一个可以输入文字的信纸。

(1) 启动 Flash CS6 程序，选择【文件】|【新建】命令，新建一个 Flash 文档。

(2) 选择【文件】|【导入】|【导入到舞台】命令，打开【导入】对话框，选中【卡通信纸】位图文件，导入到舞台中作为信纸的底图，如图 4-7 所示。

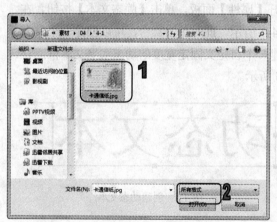

图 4-7　导入信纸底图

(3) 选择【文本】工具 T，在其【属性】面板的【文本类型】下拉列表框中选择【静态文本】选项，设置字体为【华文琥珀】，字号为 18，文字颜色为黑色，如图 4-8 所示。

(4) 在信纸的第一行创建文本框并输入文字"亲爱的朋友："，如图 4-9 所示。

图 4-8 设置静态文本

图 4-9 输入静态文本

(5) 再次选择【文本】工具 T，在【属性】面板中的【文本类型】下拉列表框中选择【输入文本】选项，设置字体为【新宋体】，字号为 20，文字颜色为蓝色，最后打开【行为】下拉列表框，选择【多行】选项，如图 4-10 所示。

(6) 拖动鼠标，在舞台绘制一个文本框区域，如图 4-11 所示。

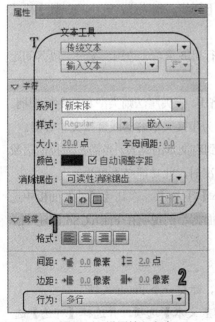

图 4-10 设置输入文本

图 4-11 绘制文本框

(7) 按下 Ctrl+Enter 组合键，将文件导出并预览动画，然后在其中输入文字测试动画效果，如图 4-12 所示。

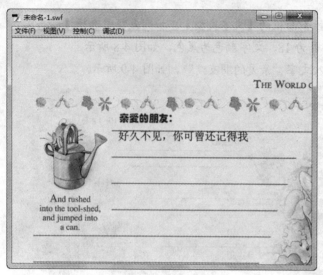

图 4-12　导出动画

④.1.3　TLF 文本

TLF 文本的出现，使得 Flash 在文字排版方面的功能大大加强。与传统文本相比，TLF 文本的特征和优势主要体现在以下几个方面。

- 更多的字符样式，包括行距、连字、加亮颜色、下划线、删除线、大小写、数字格式及其他样式。
- 更多的段落样式，包括通过栏间距支持多列、末行对齐选项、边距、缩进、段落间距和容器填充值。
- 控制更多亚洲字体属性，包括直排内横排、标点挤压、避头尾法则类型和行距模型柄。
- 文本可按顺序排列在多个文本容器。这些容器称为串接文本容器或链接文本容器。
- 支持双向文本，其中从右到左的文本可包含从左到右文本的元素。当需在阿拉伯语或希伯来语文本中嵌入英语单词或阿拉伯数字等情况时，此功能必不可少。

要创建 TLF 文本，可以在【工具】面板上选中【文本】工具 **T**，在其【属性】面板中选择【TLF 文本】选项，即可在舞台上创建 TLF 文本了。下面将举例说明在 Flash CS6 创建 TLF 文本的方法。

【例 4-2】创建 TLF 文本框并输入文字。

(1) 启动 Flash CS6 程序，选择【文件】|【新建】命令，新建一个 Flash 文档。

(2) 选择【文本】工具，在其【属性】面板中选择【TLF 文本】选项，并选择【可选】选项，如图 4-13 所示。

(3) 在舞台中拖动光标绘制一个 TLF 文本框，然后输入一段诗词文字，如图 4-14 所示。

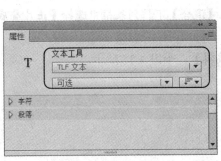

图 4-13 设置 TLF 文本

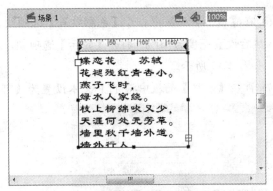

图 4-14 绘制文本框

(4) 在【属性】面板中打开【字符】选项组，设置字体为隶书，文字大小为 25，行距为 100，文字颜色为白色，加亮显示为黑色，字距调整为 100，改变舞台上的文本格式，如图 4-15 所示。

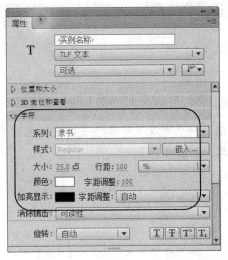

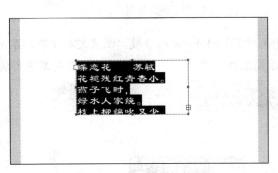

图 4-15 改变文本格式

(5) 在【属性】面板中打开【容器和流】选项组，设置【容器边框颜色】为黄色，设置【容器背景颜色】为红色，在【区域设置】下拉列表中选择【简体中文】选项，此时舞台上文字的效果如图 4-16 所示。

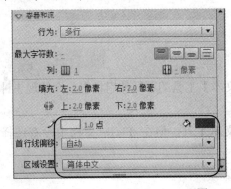

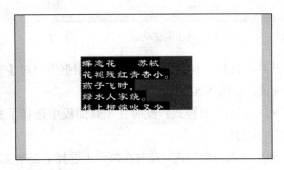

图 4-16 改变文本框格式

(6) 在【属性】面板中打开【色彩效果】选项组，在【样式】下拉列表框中选择【亮度】选项，然后设置亮度为 10%，打开【显示】选项组，在【混合】下拉列表框中选择【正片叠底】选项，如图 4-17 所示。

(7) 再在【属性】面板中将 TLF 文本设置为【可编辑】，如图 4-18 所示。

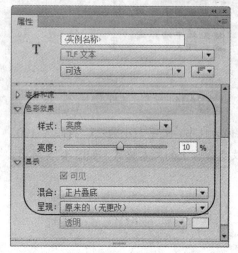

图 4-17 设置色彩效果

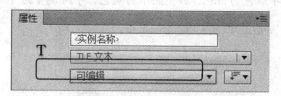

图 4-18 设置【可编辑】选项

(8) 按下 Ctrl+Enter 组合键，测试文本效果，显示这是一个可以滚动调控(支持鼠标左键拖动和滚轮滚动)的文本框，而且用户还可以对其进行编辑，如图 4-19 所示。

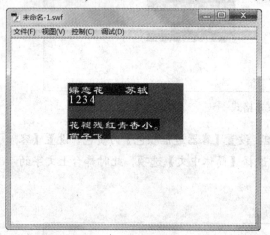

图 4-19 导出测试动画

提示

如果将 TLF 文本设置为【只读】选项，那么在导出的影片内用户无法进行任何操作，包括文本框的滚动、复制粘贴以及编辑。

此外，TLF 文本的【属性】面板会根据用户对【文本】工具的不同使用状态，而体现 3 种显示模式，如图 4-20 所示。

- ◉ 文本工具模式：此时在工具面板中选择了文本工具，但在 Flash 文档中没有选择文本。
- ◉ 文本对象模式：此时在舞台上选择了整个文本块。
- ◉ 文本编辑模式：此时在编辑文本块。

(a) 文本工具模式

(b) 文本对象模式

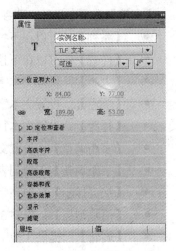

(c) 文本编辑模式

图 4-20　TLF 文本的 3 种显示模式

4.2　设置文本样式

用户可以通过【文本】工具的属性面板对文本的字体和段落属性进行设置，改变字体和段落的样式。以外，用户还可以设置消除文本锯齿以及创建文字链接等，对文本进行进一步的设计和修改。

4.2.1　设置文字属性

为了使 Flash 动画中的文字更加灵活，用户可以使用【文本】工具的属性面板对文本的字体和段落属性进行设置。

1. 设置字符属性

在【属性】面板的【字符】选项卡中，可以设置选定文本字符的字体、字体大小和颜色等，如图 4-21 所示。

图 4-21　【字符】选项卡

 提示

设置文本颜色时只能使用纯色，而不能使用渐变色。如果要对文本应用渐变色，必须将文本转换为线条或填充图形。

【字符】选项卡里的主要参数选项具体作用如下。

- 【系列】：可以在下拉列表中选择文本字体。
- 【样式】：可以在下拉列表中选择文本字体样式，如加粗、倾斜等。
- 【大小】：设置文本字体大小。
- 【颜色】：设置文本字体颜色。
- 【行距】：设置文本行的间距。
- 【字距调整】：设置文本中文字的字符间距。
- 【字距调整】下拉列表：选择【自动】选项，系统会自动调整文本内容合适间距。
- 【加亮显示】：加亮字体背景色。
- 【消除锯齿】：提供 3 种消除锯齿模式。
- 【旋转】：提供 3 种字符旋转模式。

2. 设置段落属性

打开【文本】工具的【属性】面板，选择其中的【段落】选项卡，可以设置对齐方式、边距、缩进和行距等属性，如图 4-22 所示。

图 4-22 【段落】选项卡

 提示

如果文本框为【动态文本】和【输入文本】时，还可以打开【行为】下拉列表框，设置【单行】、【多行】和【多行不换行】选项。

其中主要参数选项的具体作用如下。

- 【对齐】：设置段落文本的对齐方式。
- 【间距】：设置段落边界和首行开头之间的距离以及段落中相邻行之间的距离。
- 【边距】：设置文本框的边框和文本段落之间的间隔。
- 【缩进】：设置段落的首行缩进值。

④.2.2 消除文本锯齿

有时 Flash 中的文字会显得模糊不清，这往往是由于创建的文本较小从而无法清楚显示的缘故，在【文本属性】面板中通过对文本锯齿的设置优化，可以很好地解决这个问题。

选中舞台中的文本，然后进入【属性】面板的【字符】选项区域，在【消除锯齿】下拉列表框中选择所需的消除锯齿选项即可消除文本锯齿，如图 4-23 所示。

如果从中选择【自定义消除锯齿】选项，系统还会打开【自定义消除锯齿】对话框，用户可以在该对话框中设置详细的参数来消除文本锯齿，如图 4-24 所示。

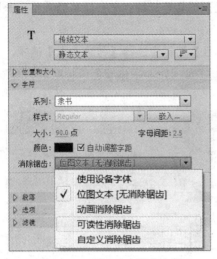

图 4-23 设置消除锯齿选项   图 4-24 自定义消除锯齿

当用户使用消除锯齿功能后，Flash 中的文字边缘将会变得平滑细腻，锯齿和马赛克现象将得到改观，如图 4-25 所示。

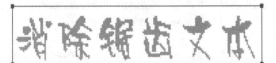

(a) 消除锯齿前   (b) 消除锯齿后

图 4-25 消除锯齿文本

4.2.3 创建文字链接

在 Flash CS6 中，可以将静态或动态的水平文本链接到 URL，从而在单击该文本的时候，可以跳转到其他文件、网页或电子邮件。

使用工具箱中的【文本】工具 T 选择文本框中的部分文本，或使用【选择】工具 从舞台中选择一个文本框，然后在其属性面板的【链接】中输入要将文本块链接到的 URL 地址，即可将水平文本链接到 URL，如图 4-26 所示。

图 4-26 将文本链接到 URL

【例4-3】新建文档，绘制表格，然后在表格中输入文字，并将网站名称链接到指定网址。

(1) 启动 Flash CS6 程序，选择【文件】|【新建】命令，新建一个 Flash 文档。

(2) 选择一些基础绘图工具，如【线条】和【铅笔】工具等，绘制一个简单的表格，如图 4-27 所示。

(3) 在【工具】面板中选择【文本】工具，在【属性】面板中选择【传统文本】选项，选择为【静态文本】。设置字体为微软雅黑，字号为 30，字母间距和字体颜色保持默认状态，如图 4-28 所示。

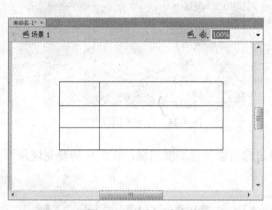

图 4-27　绘制一个表格

图 4-28　设置文字属性

(4) 在静态文本框中输入"新浪"，并把文本框拖入表格第一格中，如图 4-29 所示。

(5) 再次使用【文本】工具，将字体大小调整为 20，其余设置不变，在表格第二格的静态文本框中输入新浪网址"www.sina.com.cn"，如图 4-30 所示。

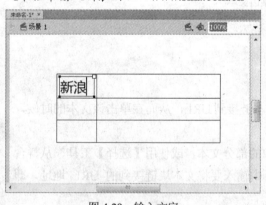

图 4-29　输入文字

图 4-30　输入网址

(6) 选中该网址文本框，在【属性】面板中打开【选项】选项组，在【链接】文本框中输入网址"http://www.sina.com.cn"，如图 4-31 所示。

(7) 使用相同的方法，在表格中输入其他两个网站的名称和网址，并在【属性】面板的【选项】组里进行设置，此时被添加了链接的文本框，文字下方会出现下划线，如图 4-32 所示。

图 4-31 输入链接网址　　　　　　　图 4-32 添加链接后的效果

(8) 按下 Ctrl+Enter 组合键，进行测试，单击相应的链接即可打开浏览器跳转到对应的网址，如图 4-33 所示。

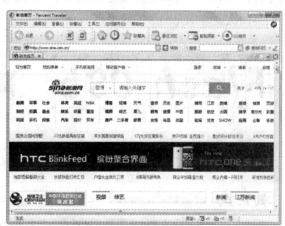

图 4-33 单击链接打开网页

4.3 编辑 Flash 文本

用户在选中需要编辑的 Flash 文本后，可以对创建的文本进行分离、变形以及添加滤镜等操作，对 Flash 文本进行更进一步的加工，为 Flash 动画添加丰富多彩的文本效果。

4.3.1 选择 Flash 文本

编辑 Flash 文本或更改文本属性时，必须先选中要编辑的文本。在工具箱中选择【文本】工具 T 后，可进行如下操作选择所需的文本对象。

⦿ 在需要选择的文本上按下鼠标左键并向左或向右拖动，可以选择文本框中的部分或全部文本。

- 在文本框中双击，可以选择一个英文单词或连续输入的中文。
- 在文本框中单击确定所选择的文本的开始位置，然后按住 Shift 键单击所选择的文本的结束位置，可以选择开始位置和结束位置之间的所有文本。
- 在文本框中单击，然后按 Ctrl + A 快捷键，可以选择文本框中所有文本对象。
- 如果要选择文本框，可以选择【选择】工具，然后单击文本框。如果要选择多个文本框，可以在按下 Shift 键的同时，逐一单击其他需要选择的文本框。

4.3.2 分离 Flash 文本

在 Flash CS6 中，文本的分离原理和分离方法与之前介绍的组合图形对象相类似。

选中 Flash 文本后，选择【修改】|【分离】命令将文本分离一次可以使其中的文字成为单个的字符，分离两次可以使其成为填充图形。如图 4-34 所示为分离一次的效果，如图 4-35 所示为分离两次变为填充图形的效果。

图 4-34　分离一次的效果　　　　　图 4-35　分离两次的效果

知识点

Flash 文本一旦被分离为填充图形后就不再具有文本的属性，而是拥有了填充图形的属性。即对于分离为填充图形的文本，用户不能再更改其字体或字符间距等文本属性，但可以对其应用渐变填充或位图填充等填充属性。

4.3.3 变形 Flash 文本

将文本分离为填充图形后，可以非常方便地改变文字的形状。要改变分离后文本的形状，可以使用【工具】面板中的【选择】工具或【部分选取】工具等，对其进行各种变形操作。

- 使用【选择】工具编辑分离文本的形状时，可以在未选中分离文本的情况下将光标靠近分离文本的边界，当光标变为或形状时，按住鼠标左键进行拖动，即可改变分离文本的形状，如图 4-36 所示。
- 使用【部分选取】工具对分离文本进行编辑操作时，可以先使用【部分选取】工具选中要修改的分离文本，使其显示出节点。然后选中节点进行拖动或编辑其曲线调整柄，如图 4-37 所示。

图 4-36　使用【选择】工具变形文本　　　　　图 4-37　使用【部分选取】工具变形文本

【例4-4】新建文档，创建文本，使用分离命令和变形工具制作倒影文字效果。

(1) 启动 Flash CS6 程序，选择【文件】|【新建】命令，新建一个 Flash 文档。

(2) 选择【修改】|【文档】命令，打开【文档设置】对话框，将【背景颜色】设置为绿色，然后单击【确定】按钮，如图 4-38 所示。

(3) 在【工具】面板中选择【文本】工具，在其【属性】面板中设置传统静态文本，字体为隶书，字号为100，颜色为黑色，如图 4-39 所示。

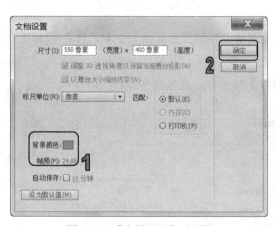

图 4-38　【文档设置】对话框　　　　　　　图 4-39　设置文本属性

(4) 在舞台中单击创建一个文本框，然后输入文字"倒影文字"，如图 4-40 所示。

(5) 选中文本框后，按下 Ctrl+D 组合键将其复制并粘贴一份到舞台，然后在工具箱中选择【任意变形】工具，选择下方的文本框后，将其翻转并调整位置和大小，如图 4-41 所示。

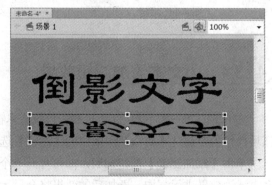

图 4-40　输入文字　　　　　　　　　　　图 4-41　复制并变形文本框

(6) 选中下方的文本框，连续按下两次 Ctrl+B 组合键，将文本进行分离，如图 4-42 所示。

(7) 在【工具】面板中选择【椭圆】工具，设置其笔触颜色为背景色(绿色)，设置填充颜色为"透明"，笔触高度为 1，笔触样式为"实线"，如图 4-43 所示。

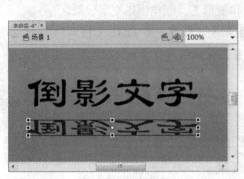

图 4-42　分离文本

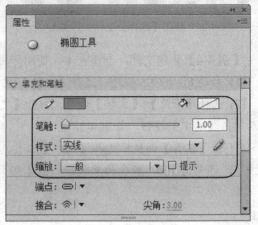

图 4-43　设置椭圆属性

(8) 在文字上由内向外绘制多个椭圆形状，并逐渐增大该椭圆形状的大小和笔触高度(每次增量为 1)，最后的效果如图 4-44 所示。

(9) 选择【文件】|【保存】命令，打开【另存为】对话框，将文档命名为"倒影文字"，单击【保存】按钮即可，如图 4-45 所示。

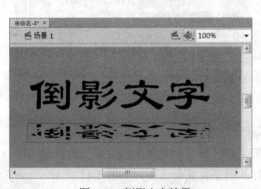

图 4-44　倒影文本效果

图 4-45　保存文档

4.3.4　为文本添加滤镜效果

在 Flash CS6 中，包括 TLF 文本和传统文本在内的所有的文本模式都可以被添加滤镜效果，该项操作主要通过【属性】面板中的【滤镜】选项组完成。

单击【添加滤镜】按钮 后，即可打开一个列表，用户可以在该列表中选择需要的一个或多个滤镜效果进行添加，添加后的效果将会显示在【滤镜】选项组中，如图 4-46 所示。

图 4-46　添加滤镜效果

添加滤镜效果后，往往还需要对滤镜效果进行参数设置，而每种滤镜效果的参数设置都有所不同，下面分别予以介绍。

1. 【投影】滤镜

【投影】滤镜是模拟对象投影到一个表面的效果，该滤镜属性的主要选项参数如图 4-46 所示，其具体作用如下。

- 【模糊 X】和【模糊 Y】：设置投影的宽度和高度。
- 【强度】：设置投影的阴影暗度，暗度与该文本框中的数值成正比。
- 【品质】：用于设置投影的质量。
- 【角度】：设置阴影的角度。
- 【距离】：设置阴影与对象之间的距离。
- 【挖空】：选中该复选框，可将对象实体隐藏，而只显示投影。
- 【内测阴影】：选中该复选框，可在对象边界内应用阴影。
- 【隐藏对象】：选中该复选框，可隐藏对象，并只显示其投影。
- 【颜色】：设置阴影颜色。

2. 【模糊】滤镜

添加【模糊】滤镜可以柔化对象的边缘和细节，该滤镜属性的主要选项参数如图 4-47 所示，其具体作用如下。

- 【模糊 X】和【模糊 Y】：设置模糊的宽度和高度。
- 【品质】：设置模糊的质量级别。

3. 【发光】滤镜

添加【发光】滤镜，该滤镜属性的主要选项参数如图 4-48 所示，其具体作用如下。

- 【模糊 X】和【模糊 Y】：用于设置发光的宽度和高度。
- 【强度】：用于设置对象的透明度。
- 【品质】：用于设置发光质量级别。
- 【颜色】：设置发光颜色。

- ◉ 【挖空】：选中该复选框，可将对象实体隐藏，而只显示发光。
- ◉ 【内发光】：选中该复选框，可使对象只在边界内应用发光。

图 4-47　【模糊】滤镜选项

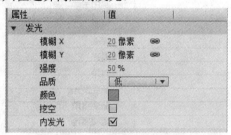

图 4-48　【发光】滤镜选项

4．【斜角】滤镜

　　【斜角】滤镜的大部分属性设置与【投影】、【模糊】或【发光】滤镜属性相似，如图 4-49 所示。单击其中的【类型】选项旁的按钮，在弹出的菜单中可以选择【内侧】、【外侧】、【全部】3 个选项，可以分别对对象进行内斜角、外斜角或完全斜角的效果处理。如图 4-50 所示为全部外侧斜角滤镜效果。

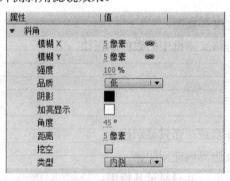

图 4-49　【斜角】滤镜选项

图 4-50　外侧斜角滤镜效果

5．【渐变发光】滤镜

　　添加【渐变发光】滤镜，可以使发光表面具有渐变效果，该滤镜的属性选项如图 4-51 所示。

　　将光标移动至该面板的【渐变】栏上，当光标变为 形状时，单击，可以添加一个颜色指针。单击该颜色指针，可以在弹出的颜色列表中设置渐变颜色；移动颜色指针的位置，则可以设置渐变色差，如图 4-52 所示。

图 4-51　【渐变发光】滤镜选项

图 4-52　使用颜色指针

6. 【渐变斜角】滤镜

【渐变斜角】滤镜，可以使对象产生凸起效果，并且斜角表面具有渐变颜色，该滤镜的属性选项如图 4-53 所示，其中【渐变】选项和【渐变发光】里设置相似，【渐变】栏内最多可以添加 15 个颜色指针，即最多可以创建 15 种颜色渐变。

7. 【调整颜色】滤镜

添加【调整颜色】滤镜，可以调整对象的亮度、对比度、色相和饱和度。可以通过修改选项数值的方式，为对象的颜色进行调整，该滤镜的属性选项如图 4-54 所示。

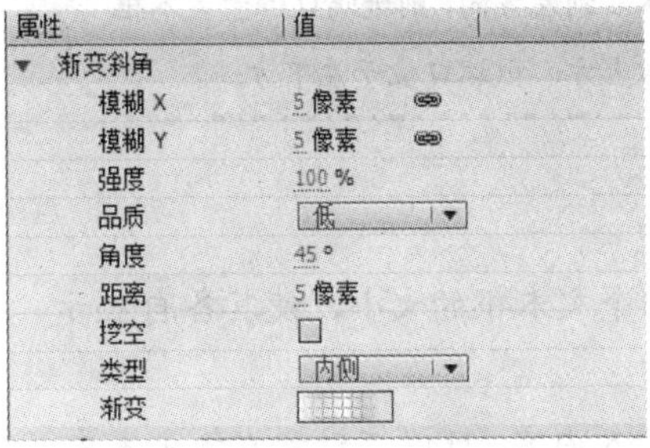

图 4-53　【渐变斜角】滤镜选项

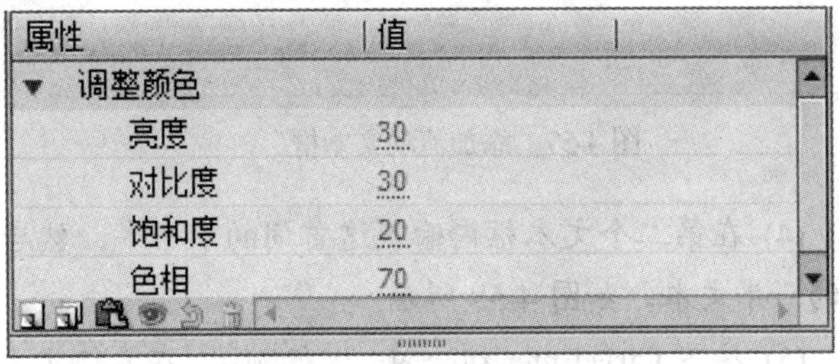

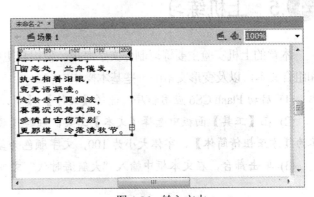

图 4-54　【调整颜色】滤镜选项

4.4　Flash 文本流动

在 Flash CS6 中使用 TLF 文本，可以在多个文本框里进行串接流动，只要所有串接的文本框都位于同一个时间轴内，需要注意的是，该功能无法适用于传统文本。

【例 4-5】新建文档，串联两个 TLF 文本框，使文本可以在文本框之间流动。

(1) 启动 Flash CS6 应用程序，选择【文件】|【新建】命令，新建一个 Flash 文档。

(2) 在【工具】面板中选择【文本】工具，在【属性】面板中选择【TLF 文本】选项，设置为【可编辑】，设置【系列】为隶书，【大小】为 20，如图 4-55 所示。然后在舞台中单击插入文本框，输入一首词的一半，如图 4-56 所示。

图 4-55　设置 TLF 文本属性

图 4-56　输入文本

（3）单击文本框右端的出端口，鼠标呈现为◎状态，移动到舞台的空白处呈现为▤时单击，此时出现新的文本框，并把第一个文本框当前未显示内容流动到该文本框内，如图 4-57 所示。

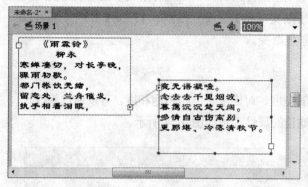

图 4-57　添加流动文本框

提示

TLF 文本框的进出端口位置与文本框内文字的方向有关：如果文本时水平从左到右，则进端口位于文本框左上方，出端口位于右下方；如果文本是垂直从右到左方向，则进端口位于文本框的右上方，出端口位于左下方。

（4）在第二个文本框内输入这首词的下一半，然后调整两个文本框的大小，使其各自显示词的一半文本，如图 4-58 所示。

（5）按下 Ctrl+Enter 组合键，进行测试。在左侧文本尾部输入内容，可以流动到右侧文本中，如图 4-59 所示。

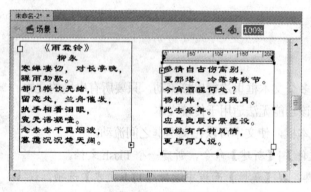

图 4-58　调整文本框

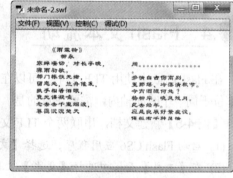

图 4-59　测试文本之间流动

④.5　上机练习

本章的上机实验主要练习制作文字海报，使用户更好地掌握 Flash CS6 的插入文本、分离和组合文本，以及变形文本的一些基本操作内容。

（1）启动 Flash CS6 应用程序，选择【文件】|【新建】命令，建立一个新的 Flash 文档。

（2）在【工具】面板中选择【文本】工具，在其【属性】面板中设置为传统静态文本，字体为【方正粗倩简体】，字体大小为 100，文字颜色为蓝色，如图 4-60 所示。

（3）单击舞台，在文本框中输入"大航海时代"文本，如图 4-61 所示。

图 4-60　设置文本属性　　　　　　　　　　图 4-61　输入文本

（4）选中文本，连续按两下 Ctrl+B 键，将文字分离为填充图形。

（5）选择【窗口】|【颜色】命令，打开【颜色】面板，单击【填充颜色】按钮，选择【线性渐变】选项，设置渐变颜色由蓝色到深蓝色，如图 4-62 所示。

（6）选择【工具】面板上的【渐变变形】工具，选中每个字符，旋转方向手柄调整每个字符的渐变颜色方向，如图 4-63 所示。

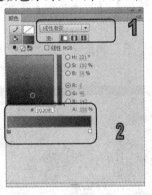

图 4-62　设置填充颜色属性　　　　　　　　图 4-63　调整渐变颜色

（7）选择【墨水瓶】工具，在其【属性】面板中设置笔触颜色为黑色，笔触大小为 2，设置渐变颜色由蓝色到深蓝色，单击舞台中的每个文字，添加了黑色的文字轮廓，如图 4-64 所示。

（8）选择每个渐变文字，按下 Ctrl+G 键将填充图形的文字单个进行组合，如图 4-65 所示。

图 4-64　添加文字轮廓　　　　　　　　　　图 4-65　组合单个文字

(9) 选择【文件】|【导入】|【导入到舞台】命令，打开【导入】对话框，选择【背景】图片，单击【打开】按钮，如图 4-66 所示。

(10) 此时图片覆盖在原文字上面，先选中背景图，在其【属性】面板上打开【位置和大小】组，调整【宽】为 550 像素，高为 400 像素，如图 4-67 所示。

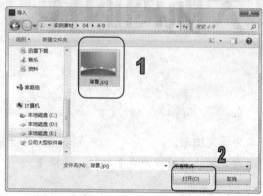

图 4-66 【导入】对话框

图 4-67 调整背景图位置和大小

(11) 选中该背景图片，右击，在弹出的快捷菜单中选择【排列】|【移至底层】命令，将文字显示在背景上面，如图 4-68 所示。

(12) 选择【工具】面板上的【任意变形】工具，单击每个字，调整每个字的位置和旋转角度，最后文字海报完成的效果如图 4-69 所示。

图 4-68 背景图移至文字下

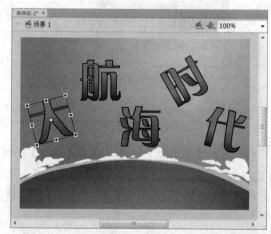

图 4-69 调整文字

4.6 习题

1. 简述 Flash 文本的类型。

2. 如何创建竖排的 TLF 文本？

3. 使用【文本】工具和【滤镜】工具创建浮雕文字效果。

元件、实例和库的应用

学习目标

在动画制作过程中，经常需要重复使用一些特定的动画元素，用户可以将这些元素转换为元件，在制作动画时多次调用。实例是元件在舞台中的具体表现，【库】面板是放置和组织元件的地方，本章将主要介绍在 Flash CS6 中使用元件和实例的操作方法，以及【库】资源的相关应用。

本章重点

- ◉ 使用元件
- ◉ 使用实例
- ◉ 使用库

5.1 使用元件

元件是存放在库中可被重复使用的图形、按钮或者动画。在 Flash CS6 中，元件是构成动画的基础，凡是使用 Flash 创建的所有文件，都可以通过某个或多个元件来实现。

5.1.1 元件的类型

在 Flash CS6 中，每个元件都具有唯一的时间轴、舞台及图层。可以在创建元件时选择元件的类型，元件类型将决定元件的使用方法。

选择【插入】|【新建元件】命令，打开【创建新元件】对话框，单击【高级】按钮，可以展开对话框，显示更多高级设置，如图 5-1 所示。在【创建新元件】对话框中的【类型】下拉列表中可以选择创建的元件类型，有【影片剪辑】、【图形】和【按钮】3 种类型元件可供选择，如图 5-2 所示。

图 5-1　展开【高级】选项　　　　　　　　图 5-2　元件类型

这 3 种类型元件的具体作用如下。

- 【影片剪辑】元件：【影片剪辑】元件是 Flash 影片中一个相当重要的角色，它可以是一段动画，而大部分的 Flash 影片其实都是由许多独立的影片剪辑元件实例组成的。影片剪辑元件拥有绝对独立的多帧时间轴，可以不受场景和主时间轴的影响。【影片剪辑】元件的图标为 。

- 【按钮】元件：使用【按钮】元件可以在影片中创建响应鼠标单击、滑过或其他动作的交互式按钮，它包括了【弹起】、【指针经过】、【按下】和【点击】4 种状态，每种状态上都可以创建不同内容，并定义与各种按钮状态相关联的图形，然后指定按钮实现的动作。【按钮】元件另一个特点是每个显示状态均可以通过声音或图形来显示，从而构成一个简单的交互性动画。【按钮】元件的图标为 。

- 【图形】元件：对于静态图像可以使用【图形】元件，并可以创建几个链接到主影片时间轴上的可重用动画片段。【图形】元件与影片的时间轴同步运行，交互式控件和声音不会在【图形】元件的动画序列中起作用。【图形】元件的图标为 。

此外，在 Flash CS6 中还有一种特殊的元件——【字体】元件。【字体】元件可以保证在计算机没有安装所需字体的情况下，也可以正确显示文本内容，因为 Flash 会将所有字体信息通过【字体】元件存储在 SWF 文件中。【字体】元件的图标为A。

 知识点

　　只有在使用动态或输入文本时才需要通过【字体】元件嵌入字体；如果使用静态文本，则不必通过【字体】元件嵌入字体。

⑤.1.2 创建元件

创建元件的方法有两种：一种是直接新建一个空元件，然后在元件编辑模式下创建元件内容；另一种是将舞台中的某个元素转换为元件。下面具体介绍创建 3 种类型元件的方法。

1. 创建【图形】元件

要创建【图形】元件，首先选择【插入】|【新建元件】命令，打开【创建新元件】对话框，在【类型】下拉列表中选择【图形】选项，单击【确定】按钮，打开元件编辑模式，如图 5-3 所示。在该模式下进行元件制作。可以将位图或者矢量图导入到舞台中转换为【图形】元件，也可以使用工具箱中的各种绘图工具绘制图形再将其转换为【图形】元件。如图 5-4 所示为将矢量图导入舞台中作为【图形】元件。

图 5-3　选择【图形】类型　　　　　　　　图 5-4　导入矢量图为元件

创建的【图形】元件会自动保存在【库】面板中，选择【窗口】|【库】命令，打开【库】面板，在该面板中显示了已经创建的【图形】元件，如图 5-5 所示。

图 5-5　【库】面板

> **提示**
>
> 单击舞台窗口的场景按钮，可以返回场景，也可以单击后退按钮，返回到上一层模式。在【图形】元件中，还可以继续创建其他类型的元件。

2. 创建【影片剪辑】元件

【影片剪辑】元件除了图形对象以外，还可以是一个动画。它拥有独立的时间轴，并且可以在该元件中创建按钮、图形甚至其他影片剪辑元件。

在制作一些较为大型的 Flash 动画时，不仅是设计区中的元素，很多动画效果也需要重复使用。由于【影片剪辑】元件拥有独立的时间轴，可以不依赖主时间轴而播放运行，因此可以将主时间轴中的内容转化到【影片剪辑】元件中，方便反复调用。

📖 **知识点**

在 Flash CS6 中是不能直接将动画转换为【影片剪辑】元件的，可以使用复制图层和帧的方法，将动画转换为【影片剪辑】元件。

【例 5-1】新建文档，将一个动画文件转换为【影片剪辑】元件。

(1) 启动 Flash CS6，使用【文件】|【新建】命令，新建一个文档。

(2) 打开一个已经完成动画制作的文档"鞭炮动画"，选中最顶层图层的第 1 帧，按下 Shift 键，选中最底层图层的最后一帧，即可选中时间轴上所有要转换的帧，如图 5-6 所示。

(3) 右击选中帧中的任何一帧，从弹出的菜单中选择【复制帧】命令，将所有图层里的帧都进行复制，如图 5-7 所示。

图 5-6　选中所有帧

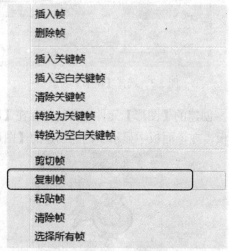

图 5-7　选择【复制帧】命令

💡 **提示**

图层和帧的使用方法将在后面的章节详细介绍。

(4) 返回新建文档，选择【插入】|【新建元件】命令，打开【创建新元件】对话框。创建名为"动画"的【影片剪辑】元件，然后单击【确定】按钮，如图 5-8 所示。

(5) 进入元件编辑模式后，右击元件编辑模式中的第 1 帧，在弹出的菜单中选择【粘贴帧】命令，此时将把从主时间轴复制的帧粘贴到该影片剪辑的时间轴中，如图 5-9 所示。

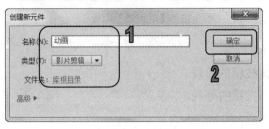

图 5-8　创建【影片剪辑】元件

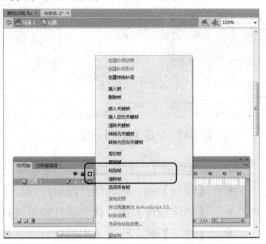

图 5-9　选择【粘贴帧】命令

(6) 单击【场景】按钮，返回【场景 1】，打开【库】面板，其中会显示该【动画】元件，如图 5-10 所示。

(7) 将该元件拖入到【场景 1】的舞台中，然后按 Ctrl+Enter 键，测试动画效果，如图 5-11 所示。

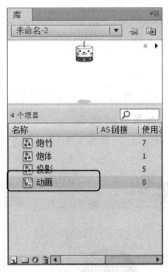

图 5-10　【库】面板显示元件

图 5-11　测试动画

3. 创建【按钮】元件

【按钮】元件是一个 4 帧的交互影片剪辑，选择【插入】|【新建元件】命令，打开【创建新元件】对话框，在【类型】下拉列表中选择【按钮】选项，单击【确定】按钮，打开元件编辑模式，如图 5-12 所示。

在【按钮】元件编辑模式中的【时间轴】面板中显示了【弹起】、【指针经过】、【按下】和【点击】4 个帧，如图 5-13 所示。

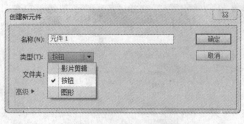

图 5-12　创建【按钮】元件　　　　　　　　　图 5-13　【时间轴】面板

每一帧都对应了一种按钮状态，其具体功能如下。

- ⦿ 【弹起】帧：代表指针没有经过按钮时该按钮的外观。
- ⦿ 【指针经过】帧：代表指针经过按钮时该按钮的外观。
- ⦿ 【按下】帧：代表单击按钮时该按钮的外观。
- ⦿ 【点击】帧：定义响应鼠标单击的区域。该区域中的对象在最终的 SWF 文件中不被显示。

📢 提示……………………………………………………………………………………

要制作一个完整的按钮元件，可以分别定义这 4 种按钮状态，也可以只定义【弹起】帧按钮状态，但只能创建静态的按钮。

【例 5-2】新建文档，创建一个【按钮】元件。

(1) 启动 Flash CS6，使用【文件】|【新建】命令，新建一个文档。

(2) 选择【插入】|【新建元件】命令，打开【创建新元件】对话框，在【类型】下拉列表中选择【按钮】选项，创建一个名为【按钮】的按钮元件，如图 5-14 所示。

(3) 选择【文件】|【导入】|【导入到舞台】命令，将一张按钮图片导入到【按钮】窗口中，然后调整其大小和位置，如图 5-15 所示。

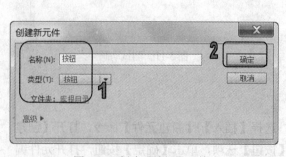

图 5-14　创建【按钮】元件　　　　　　　　　图 5-15　导入按钮图片

(4) 右击【时间轴】面板中的【指针经过】帧，在弹出的快捷菜单中选择【插入关键帧】命令，插入关键帧，如图 5-16 所示。

(5) 在【工具】面板中选择【椭圆】工具，在其【属性】面板中设置笔触颜色为红色，填充颜色为无，笔触高度为 2，然后在按钮图形上绘制一个正圆，如图 5-17 所示。

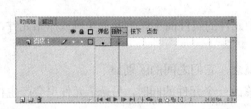

图 5-16　插入关键帧

图 5-17　绘制椭圆

(6) 在【工具】面板中选择【文本】工具，在其【属性】面板上选择传统静态文本，然后在图像的右侧添加一个静态传统文本，并输入"首页按钮"文字，如图 5-18 所示。

(7) 右击【时间轴】面板中的【按下】帧，在弹出的快捷菜单中选择【插入关键帧】命令，插入关键帧，如图 5-19 所示。

图 5-18　添加文字

图 5-19　插入关键帧

(8) 在舞台上去掉文本，然后用【选择】工具和【任意变形】工具，调整按钮图形的大小，如图 5-20 所示。

(9) 单击【场景 1】按钮返回场景，将【按钮】按钮元件从【库】面板中拖到舞台上，按下 Ctrl+Enter 组合键，测试动画效果，如图 5-21 所示。

图 5-20　调整按钮

图 5-21　测试动画

提示

如果舞台中的元素需要反复使用，可以将它直接转换为元件，保存在【库】面板中，方便以后调用。用户可以选择【修改】|【转换为元件】命令，打开【转换为元件】对话框进行转换。

⑤.1.3　复制和直接复制元件

在制作 Flash 动画时，有时只修改单个实例中元件的属性而不影响其他实例或原始元件，此时就需要用到直接复制元件功能。

复制元件和直接复制元件是两个完全不同的概念，它们之间的区别如下。

- 复制元件：是将元件复制一份相同的，修改一个元件的同时，另一个元件也会产生相同的改变。
- 直接复制元件：是以当前元件为基础，创建一个独立的新元件，不论修改哪个元件，另一个元件都不会发生改变。

打开【库】面板，选中要直接复制的元件，右击该元件，在弹出的快捷菜单中选择【直接复制】命令或者单击【库】面板右上角的按钮，在弹出的【库面板】菜单中选择【直接复制】命令，如图 5-22 所示。打开【直接复制元件】对话框，输入新元件名称并选择元件类型后，单击【确定】按钮即可完成直接复制元件的操作，如图 5-23 所示。

图 5-22　选择【直接复制】命令

图 5-23　【直接复制元件】对话框

⑤.1.4　编辑元件

创建元件后，可以选择【编辑】|【编辑元件】命令，在元件编辑模式下编辑该元件；也可以选择【编辑】|【在当前位置编辑】命令，在设计区中编辑该元件；或者直接双击该元件

进入该元件编辑模式。右击创建的元件后，在弹出的快捷菜单中可以选择更多编辑方式和编辑内容。

1. 在当前位置编辑元件

要在当前位置编辑元件，可以在舞台上双击元件的一个实例，或者在舞台上选择元件的一个实例，右击后在弹出的快捷菜单中选择【在当前位置编辑】命令；或者在舞台上选择元件的一个实例，然后选择【编辑】|【在当前位置编辑】命令，进入元件的编辑状态。如果要更改注册点，可以在舞台上拖动该元件，拖动时一个十字光标+会表明注册点的位置，如图 5-24 所示。

2. 在新窗口编辑元件

要在新窗口中编辑元件，可以右击舞台中的元件，在弹出的快捷菜单中选择【在新窗口中编辑】命令，直接打开一个新窗口，并进入元件的编辑状态，如图 5-25 所示。

图 5-24　拖动更改注册点

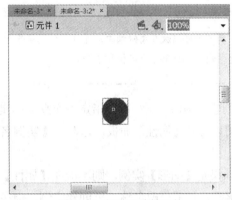

图 5-25　新窗口编辑元件

3. 在元件编辑模式下编辑元件

要选择在元件编辑模式下编辑元件可以通过以下几种方式来实现。

- ◉　双击【库】面板中的元件图标。
- ◉　在【库】面板中选择该元件，单击【库】面板右上角的 ▾≡ 按钮，在打开的菜单中选择【编辑】命令。
- ◉　在【库】面板中右击该元件，从弹出的快捷菜单中选择【编辑】命令。
- ◉　在舞台上选择该元件的一个实例，右击后从弹出的快捷菜单中选择【编辑】命令。
- ◉　在舞台上选择该元件的一个实例，然后选择【编辑】|【编辑元件】命令。

4. 退出元件编辑模式

要退出元件的编辑模式并返回到文档编辑状态，可以进行以下操作。

- ◉　单击设计区左上角的【返回】 ⇦ 按钮，返回上一层编辑模式。
- ◉　单击设计区左上角场景按钮 ，返回场景。
- ◉　在元件的编辑模式下，双击元件内容以外的空白处。
- ◉　如果是在新窗口中编辑元件，可以直接切换到文档窗口或关闭新窗口。

⑤.2 使用实例

实例是元件在舞台中的具体表现，创建实例的过程就是将元件从【库】面板中拖到舞台中。例如，在【库】面板中有一个影片剪辑元件，如果将这个影片剪辑拖到设计区中，那么设计区中的影片剪辑就是一个实例。对创建的实例可以进行修改，从而得到依托于该元件的其他效果。

⑤.2.1 创建实例

要创建实例，只需选择【窗口】|【库】命令，打开【库】面板，将【库】面板中的元件拖动到舞台中即可。

 提示
> 实例只可以放在关键帧中，并且实例总是显示在当前图层上。如果没有选择关键帧，则实例将被添加到当前帧左侧的第 1 个关键帧上面。

创建实例后，系统都会指定一个默认的实例名称，如果要为影片剪辑元件实例指定实例名称，可以打开【属性】面板，这时在【实例名称】文本框中输入该实例的名称即可，如图 5-26所示。

如果是【图形】实例，则不能在【属性】面板中命名实例名称。可以双击【库】面板中的元件名称，然后修改名称，再创建实例。但在【图形】实例的【属性】面板中可以设置实例的大小、位置等信息，单击【样式】按钮，在下拉列表中可以设置【图形】实例的透明度、亮度等信息，如图 5-27 所示。

图 5-26 输入实例名称

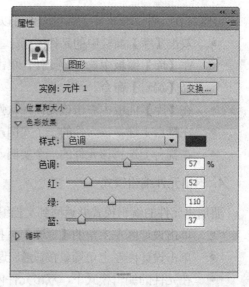

图 5-27 设置【图形】实例属性

⑤.2.2　交换实例

在创建元件的不同实例后，用户可以对元件实例进行交换，使选定的实例变为另一个元件的实例。

> **提示**
>
> 交换元件实例后，原有实例所做的改变(如颜色、大小及旋转等)会自动应用于交换后的元件实例，而且并不会影响【库】面板中原有元件以及元件的其他实例。

选中设计区中的一个【影片剪辑】实例，选择【修改】|【元件】|【交换元件】命令，打开【交换元件】对话框，显示了当前文档创建的所有元件，可以选中要交换的元件，然后单击【确定】按钮，即可为实例指定另一个元件，并且舞台中的元件实例将自动被替换，如图 5-28 所示。

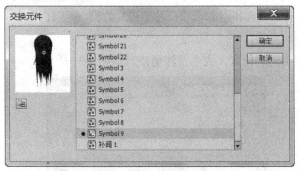

图 5-28　【交换元件】对话框

> **提示**
>
> 单击该对话框中的【直接复制元件】按钮 ，可以以当前选中的元件为基础创建一个全新的元件。

⑤.2.3　转换实例类型

实例的类型也是可以相互转换的。例如，可以将一个【图形】实例转换为【影片剪辑】实例，或将一个【影片剪辑】实例转换为【按钮】实例，而且可以通过改变实例类型来重新定义它的动画中的行为。

要改变实例类型，选中某个实例，打开【属性】面板，单击【实例类型】按钮，在弹出的下拉菜单中可以选择需要的实例类型，如图 5-29 所示。

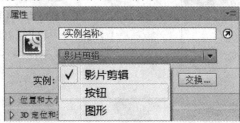

图 5-29　转换实例类型

⑤.2.4　分离实例

要断开实例与元件之间的链接，并把实例放入未组合图形和线条的集合中，可以在选中舞台实例后，选择【修改】|【分离】命令，将实例分离成图形元素，这样就可以使用编辑工具，根据需要修改，并且不会影响到其他应用的元件实例。

⑤.2.5　查看实例信息

在动画制作过程中，特别是在处理同一元件的多个实例时，识别舞台上特定的实例很困难。可以在【属性】面板、【信息】面板或【影片浏览器】面板中进行识别，具体操作方法如下。

- ◉　在【属性】面板中，可以查看实例的类型和设置，如图 5-30 所示。对于所有实例类型，都可以查看其颜色设置、位置、大小和注册点；对于图形，还可以查看其循环模式等；对于按钮元件，可以查看其实例名称和跟踪选项；对于影片剪辑，可以查看实例名称。

- ◉　在【信息】面板中，可以查看选定实例的位置、大小及注册点，如图 5-31 所示。

图 5-30　【属性】面板

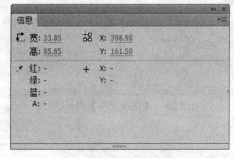
图 5-31　【信息】面板

- ◉　在【影片浏览器】面板中，可以查看当前影片内容，包括实例和元件，如图 5-32 所示。

图 5-32　【影片浏览器】面板

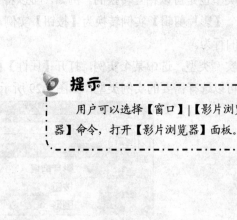

提示

用户可以选择【窗口】|【影片浏览器】命令，打开【影片浏览器】面板。

5.3 使用库

在 Flash CS6 中，创建的元件和导入的文件都存储在【库】面板中。在【库】面板中的资源可以在多个文档中使用。Flash CS6 中自带了公用库，以及使用共享库，都可以为 Flash 动画制作提供丰富的库资源。

5.3.1 【库】面板和【库】项目

要查看库中的项目，首先打开【库】面板，选择【窗口】|【库】命令，打开【库】面板。在面板的列表主要用于显示库中所有项目的名称，可以通过其查看并组织这些文档中的元素。【库】面板中项目名称旁边的图标表示该项目的文件类型，如图 5-33 所示。

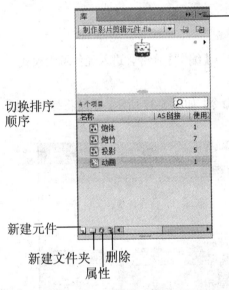

选项菜单

切换排序顺序

新建元件

新建文件夹　删除
属性

提示

在【库】面板的预览窗口中显示了存储的所有元件缩略图，如果是【影片剪辑】元件，可以在预览窗口中预览动画的效果。

图 5-33 【库】面板

在【库】面板中的元素称为库项目，有关库项目的一些处理方法如下。

- 在当前文档中使用库项目时，可以将库项目从【库】面板中拖动到舞台中。该项目会在舞台中自动生成一个实例，并添加到当前图层中。
- 要将对象转换为库中的元件，可以将项目从舞台拖动到当前【库】面板中，打开【转换为元件】对话框，进行转换元件的操作，如图 5-34 所示。
- 要在另一个文档中使用当前文档的库项目，可以将项目从【库】面板或设计区中拖入另一个文档的【库】面板或设计区中即可。
- 要在文件夹之间移动项目，可以将项目从一个文件夹拖动到另一个文件夹中。如果新位置中存在同名项目，那么会打开【解决库冲突】对话框，提示是否要替换正在移动的项目，如图 5-35 所示。

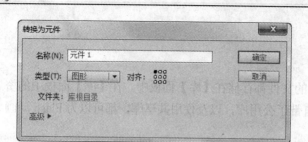 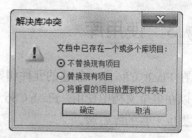

图 5-34 【转换为元件】对话框　　　　　图 5-35 【解决库冲突】对话框

5.3.2 【库】的操作

在【库】面板中，可以使用【库】面板菜单中的命令对库项目进行编辑、排序、重命名、删除以及查看未使用的库项目等管理操作。

1. 编辑【库】项目

要编辑【库】中的元件，可以在【库】面板菜单中选择【编辑】命令，进入元件编辑模式，然后进行元件编辑，如图 5-36 所示。

如果要编辑【库】里的文件，可以选择【编辑方式】命令，如图 5-37 所示，系统将打开【选择外部编辑器】对话框。

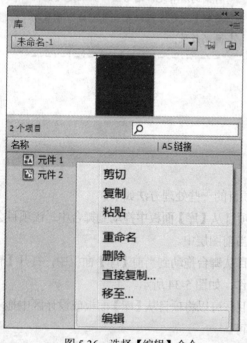 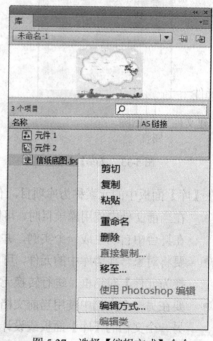

图 5-36 选择【编辑】命令　　　　　图 5-37 选择【编辑方式】命令

然后在外部编辑器(其他应用程序)中编辑完导入的文件，再使用【更新】命令更新这些文件，如图 5-38 所示。

图 5-38　编辑文件后更新

2. 操作文件夹

在【库】面板中，可以使用文件夹来组织库项目。当用户创建一个新元件时，它会存储在选定的文件夹中。如果没有选定文件夹，该元件就会存储在库的根目录下。

对【库】面板中的文件夹可以进行如下操作。

- 要创建新文件夹，可以在【库】面板底部单击【新建文件夹】按钮，如图 5-39 所示。
- 要打开或关闭文件夹，可以单击文件夹名前面的按钮，或选择文件夹后，在【库】面板菜单中选择【展开文件夹】或【折叠文件夹】命令，如图 5-40 所示。

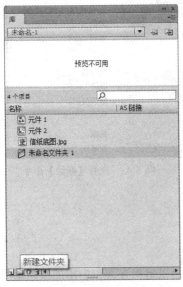
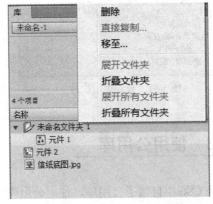

图 5-39　单击【新建文件夹】按钮　　　　图 5-40　选择【折叠文件夹】命令

⊙ 要打开或关闭所有文件夹，可以在【库】面板菜单中选择【展开所有文件夹】或【折叠所有文件夹】命令。

3. 重命名库项目

在【库】面板中，用户还可以重命名库中的项目。但更改导入文件的库项目名称并不会更改该文件的名称。

要重命名库项目，可以执行如下操作。

⊙ 双击该项目的名称，在【名称】列的文本框中输入新名称。

⊙ 选择项目，并单击【库】面板下部的【属性】按钮 ⊙ ，打开【元件属性】对话框，在【名称】文本框中输入新名称，然后单击【确定】按钮。

⊙ 选择项目，在【库】面板菜单中选择【重命名】命令，然后在【名称】列的文本框中输入新名称。

⊙ 右击库项目，在弹出的快捷菜单中选择【命名】命令，并在【名称】列的文本框中输入新名称。

4. 删除库项目

默认情况下，当从库中删除项目时，文档中该项目的所有实例也会被同时删除。【库】面板中的【使用次数】列显示项目的使用次数，如图 5-41 所示。

要删除库项目，可以选择所需操作的项目，然后单击【库】面板下部的【删除】按钮 ；也可以在【库】面板的选项菜单中选择【删除】命令来删除库项目。还可以在所要删除的项目上右击，在弹出的快捷菜单中选择【删除】命令删除项目，如图 5-42 所示。

图 5-41 查看使用次数

图 5-42 选择【删除】命令

⑤.3.3 使用公用库

Flash CS6 中自带了公用库，使用公用库中的项目，可以直接在舞台中添加按钮或声音等。要使用公用库中的项目，可以选择【窗口】|【公用库】命令，在弹出的级联菜单中选择一个库类型，即可打开该类型公用库面板，如图 5-43 所示。

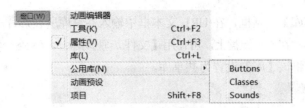

图 5-43　【公用库】菜单命令

其中 Buttons 选项对应【按钮】面板，Sounds 选项对应【声音】面板，Classes 选项对应【类】面板，分别如图 5-44 至图 5-46 所示。

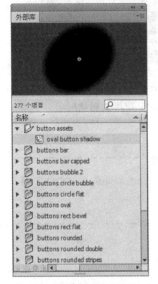

图 5-44　【按钮】面板

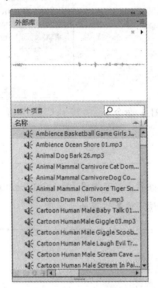

图 5-45　【声音】面板

图 5-46　【类】面板

 提示

使用公用库中的项目与使用【库】面板中的项目方法相同，将项目从公用库拖入当前文档的设计区中即可。同时，使用的公用库中的项目是可以进行修改的，修改的内容不会影响到其他项目。

5.3.4　共享库资源

使用共享库资源，可以将一个 Flash 影片【库】面板中的元素共享，供其他 Flash 影片使用。这一功能在进行小组开发或制作大型 Flash 动画时是非常实用的。

1. 运行共享库

要设置共享库，首先打开要将其【库】面板设置为共享库的 Flash 影片，然后选择【窗口】|【库】命令，打开【库】面板，然后单击面板右上角的 按钮，在弹出的菜单中选择【运行时共享库 URL】命令，如图 5-47 所示。

打开【运行时共享库】对话框，在 URL 文本框中输入共享库所在影片的 URL 地址，如图 5-48 所示。若共享库影片在本地硬盘上，可使用【文件://<驱动器：> /<路径名>】格式，最后单击【确定】按钮，即可将该【库】设置为共享库。

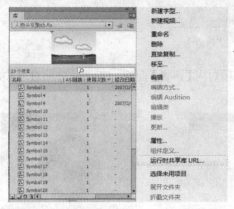

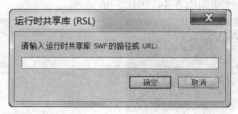

图 5-47　选择【运行时共享库 URL】命令　　　　图 5-48　【运行时共享库】对话框

💿 **提示** ....

若共享库影片在互联网里的某台服务器上，可使用【http://<IP 地址(域名)> /<虚拟目录名><文件名>】格式，最后单击【确定】按钮，即可将该【库】设置为共享库。

2. 设置共享元素

要设置【库】面板中的共享元素，首先打开包含共享库的 Flash 文档，打开该共享库，然后右击所要共享的元素，在弹出的快捷菜单中选择【属性】命令，打开【元件属性】对话框，单击【高级】按钮，展开对话框，如图 5-49 所示。在【运行时共享库】选项区域里选中【为运行时共享导出】复选框，并在 URL 文本框中输入该共享元素的 URL 地址，单击【确定】按钮即可设置为共享元素，如图 5-50 所示。

图 5-49　【元件属性】对话框　　　　　　图 5-50　设置高级选项

3. 使用共享元素

要使用共享元素，可先打开要使用共享元素的 Flash 文档并选择【窗口】|【库】命令，打开该文件的【库】面板，然后选择【文件】|【导入】|【打开外部库】命令，选择一个包含共享库的 Flash 文件，单击【打开】按钮打开该共享库，如图 5-51 所示。

选中共享库中需要的元素，将其拖到舞台中即可。这时在该文件的【库】面板中将会出现该共享元素，如图 5-52 所示。

图 5-51 打开外部库

图 5-52 拖动外部库元素

5.4 上机练习

本章的上机实验主要练习文字按钮动画，并使用户更好地掌握 Flash CS6 的制作按钮元件和实例操作，以及使用公用库的操作内容。

(1) 启动 Flash CS6，选择【新建】|【文档】命令，新建一个文档。

(2) 选择【文件】|【导入】|【导入到库】命令，打开【导入到库】对话框，将名为"猫"的图片导入到【库】面板内，如图 5-53 所示。

(3) 将【库】面板的【猫】图片拖入到舞台中，使用【任意变形】工具，调整图片的位置和大小，如图 5-54 所示。

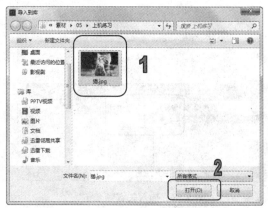

图 5-53 【导入到库】对话框

图 5-54 调整图片

(4) 选择【工具】面板上的【文本】工具，在其【属性】面板上设置【系列】为【华文琥珀】字体，【大小】为 30，颜色为半透明绿色，然后单击舞台，输入文本"摸我一下"，如图 5-55 所示。

(5) 选择【修改】|【转换为元件】命令，打开【转换为元件】对话框，输入【文字按钮】名称，选中【按钮】选项，单击【确定】按钮，此时该文档如图 5-56 所示。

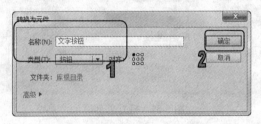

图 5-55　输入文本　　　　　　　　　　　　　图 5-56　【转换为元件】对话框

(6) 右击【库】面板中的【文字按钮】项目，在弹出的菜单中选择【编辑】命令，如图 5-57 所示。

(7) 进入【文字按钮】元件编辑窗口，在【时间轴】面板的【指针经过】帧上插入关键帧，如图 5-58 所示。

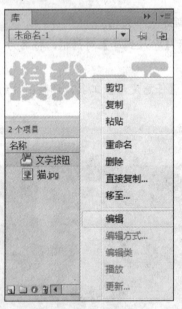

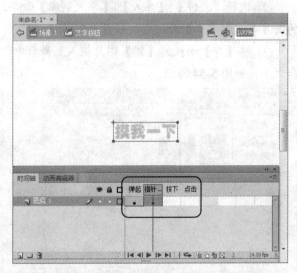

图 5-57　选择【编辑】命令　　　　　　　　图 5-58　插入关键帧

(8) 选中文本内容，将其【属性】面板中的【字符】选项组里的颜色设置为半透明黄色，字体大小设置为 40，选择【滤镜】选项组，设置添加渐变发光滤镜，设置渐变色为绿色，如图 5-59 所示。

(9) 此时，【指针经过】帧里的效果如图 5-60 所示。

图 5-59 设置文本属性

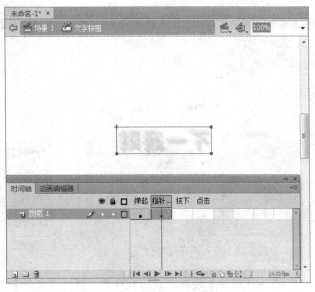

图 5-60 【指针经过】帧效果

(10) 在【时间轴】面板的【按下】帧上插入关键帧，右击【弹起】帧弹出快捷菜单，选择【复制帧】命令，右击【按下】帧，选择【粘贴帧】命令，使两帧内容一致，如图 5-61 所示。

(11) 选择【窗口】|【公用库】|Sounds 命令，打开【外部库】(声音)面板，选择其中一种声音，拖入到【库】面板中，如图 5-62 所示。

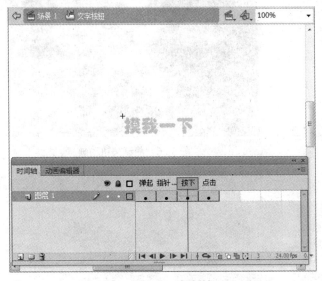

图 5-61 复制帧

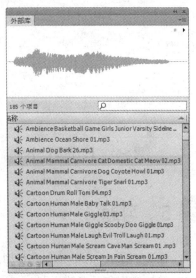

图 5-62 选择公用库声音

(12) 将【库】面板中的声音拖入到【按下】帧的舞台上，如图 5-63 所示。

(13) 右击【时间轴】面板上的【点击】帧，在弹出的快捷菜单中选择【插入空白关键帧】命令，然后在【工具】面板上选择【矩形】工具，绘制一个任意填充色的长方形，大小和文本框范围接近即可，如图 5-64 所示。

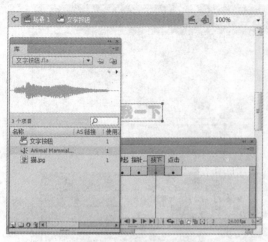

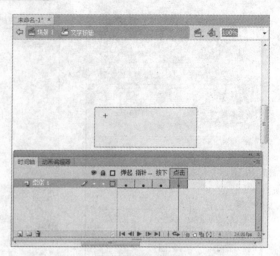

图 5-63　拖入声音至舞台　　　　　　　　　　图 5-64　绘制矩形

(14) 单击【返回】按钮，退回到场景，选择【文件】|【保存】命令，打开【另存为】对话框，将文件命名为"文字按钮"并保存，如图 5-65 所示。

(15) 此时，可以按 Ctrl+Enter 键预览影片，测试文字按钮的不同状态，如图 5-66 所示。

图 5-65　【另存为】对话框　　　　　　　　　图 5-66　测试按钮动画

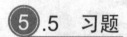 **5.5　习题**

1. 简述 Flash CS6 中元件的类型。

2. 简述实例和元件的区别。

3. 创建【按钮】元件，要求元件的 4 个帧都有不同的按钮效果。

第6章

多媒体元素的应用

学习目标

Flash CS6 作为矢量动画处理程序，也可以导入外部位图和视频、音频等多媒体文件作为特殊的元素应用，从而为制作 Flash 动画提供了更多可以应用的素材。本章将主要介绍在 Flash CS6 中导入各种位图的操作方法，以及导入视频、音频的相关应用。

本章重点

- ◉ 导入位图文件
- ◉ 导入其他格式图像
- ◉ 导入声音文件
- ◉ 压缩声音
- ◉ 导入视频文件

6.1 导入外部位图

位图是制作影片时最常用到的图形元素之一，在 Flash CS6 中默认支持的位图格式包括 BMP、JPEG 以及 GIF 等，如果系统安装了 QuickTime 软件，还可以支持 Photoshop 软件中的 PSD 和 TIFF 等其他图形格式。

6.1.1 导入位图方式

要导入位图图像，可以选择【文件】|【导入】|【导入到舞台】命令，打开【导入】对话框，如图 6-1 所示。选择所需导入的图形文件，单击【打开】按钮即可导入到当前的 Flash 文档中，如图 6-2 所示。

图 6-1　【导入】对话框　　　　　　　　　　图 6-2　打开位图

知识点

在导入图像文件到 Flash 文档中时，可以选中多个图像同时导入，方法是：按住键盘上的 Ctrl 键，然后选中多个图像文件的缩略图即可实现同时导入。

在使用【导入到舞台】命令导入图像时，如果导入文件的名称是以数字序号结尾的，并且在该文件夹中还包含有其他多个这样的文件名的文件时，会打开一个信息提示框。提示打开的该文件可能是序列图像文件中的一部分，并询问是否导入该序列中的所有图像，如果单击【是】按钮，则导入所有的序列图像；如果单击【否】按钮，则将只导入选定的图像文件，如图 6-3 所示。

用户不仅可以将位图图像导入到舞台中直接使用，也可以选择【文件】|【导入】|【导入到库】命令，先将需要的位图图像导入到该文档的【库】面板中，在需要时打开【库】面板再将其拖至舞台中使用，如图 6-4 所示。

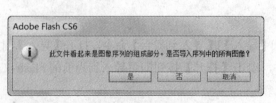

图 6-3　提示对话框　　　　　　　　　　　图 6-4　【库】面板

⑥.1.2 编辑导入位图

在导入了位图文件后，可以对位图文件进行各种编辑操作，如修改位图属性、将位图分离或者将位图转换为矢量图等。

1. 修改位图属性

要修改位图图像的属性，可在导入位图图像后，在【库】面板中位图图像的名称处右击，在弹出的快捷菜单中选择【属性】命令，打开【位图属性】对话框，如图6-5所示。

图6-5 打开【位图属性】对话框

在【位图属性】对话框中，主要参数选项的具体作用如下。

- 在【选项】选项卡里，第一行的文本框中显示的是位图图像的名称，可以在该文本框中更改位图图像在 Flash 中显示的名称。
- 【允许平滑】：选中该复选框，可以使用消除锯齿功能平滑位图的边缘。
- 【压缩】：在该选项下拉列表中可以选择【照片(JPEG)】选项，可以以 JPEG 格式压缩图像，对于具有复杂颜色或色调变化的图像，如具有渐变填充的照片或图像，常使用【照片(JPEG)】压缩格式；选择【无损(PNG/GIF)】选项，可以使用无损压缩格式压缩图像，这样不会丢失该图像中的任何数据；具有简单形状和相对较少颜色的图像，则常使用【无损(PNG/GIF)】压缩格式。
- 【品质】：有【使用导入的 JPEG 数据】和【自定义】单选按钮可以选择，在【自定义】后面输入数值来调节压缩位图品质，值越大图像越完整，同时产生的文件就越大。
- 【更新】按钮：单击该按钮，可以按照设置对位图图像进行更新。
- 【导入】按钮：单击该按钮，打开【导入位图】对话框，选择导入新的位图图像，以替换原有的位图图像。

⊙ 【测试】按钮：单击该按钮，可以对设置效果进行测试，在【位图属性】对话框的下方将显示设置后图像的大小及压缩比例等信息，可以将原来的文件大小与压缩后的文件大小进行比较，从而确定选定的压缩设置是否可以接受。

2. 分离位图

分离位图可将位图图像中的像素点分散到离散的区域中，这样可以分别选取这些区域并进行编辑修改。在分离位图时可以先选中舞台中的位图图像，然后选择【修改】|【分离】命令，或者按下 Ctrl+B 组合键即可对位图图像进行分离操作。

在使用【箭头】工具选择分离后的位图图像时，该位图图像上将被均匀地蒙上了一层细小的白点，这表明该位图图像已完成了分离操作，此时可以使用工具箱中的图形编辑工具对其进行修改，如图 6-6 所示。

图 6-6　分离位图

3. 位图转换矢量图

如果需要对导入的位图图像进行更多的编辑修改，可以将位图转换为矢量图形。要将位图转换为矢量图，选中要转换的位图图像，选择【修改】|【位图】|【转换位图为矢量图】命令，打开【转换位图为矢量图】对话框，如图 6-7 所示。

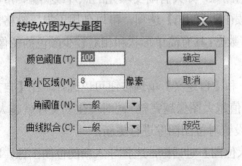

图 6-7　【转换位图为矢量图】对话框

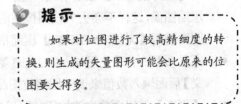

> **提示**
> 如果对位图进行了较高精细度的转换，则生成的矢量图形可能会比原来的位图要大得多。

该对话框中各选项功能如下。

- ◉ 【确定】按钮：单击该按钮，可以按照设置对位图图像进行更新。
- ◉ 【颜色阈值】：可以在文本框中输入 1~500 之间的值。当该阈值越大时，转换后的颜色信息也就丢失得越多，但是转换的速度会比较快。
- ◉ 【最小区域】：可以在文本框中输入 1~1000 之间的值，用于设置在指定像素颜色时要考虑的周围像素的数量。该文本框中的值越小，转换的精度就越高，但相应的转换速度会较慢。
- ◉ 【曲线拟合】：可以选择用于确定绘制轮廓的平滑程度，在下拉列表中包括【像素】、【非常紧密】、【紧密】、【正常】、【平滑】及【非常平滑】6 个选项。
- ◉ 【角阈值】：可以选择是保留锐边还是进行平滑处理，可以在下拉列表中选择【较多转角】选项，可使转换后的矢量图中的尖角保留较多的边缘细节；选择【较少转角】选项，则转换后矢量图中的尖角边缘细节会较少。

【例 6-1】新建一个文档，导入位图图像，将位图转换为矢量图，并对矢量图进行适当的编辑操作。

(1) 新建一个文档，选择【文件】|【导入】|【导入到舞台】命令，打开【导入】对话框，选择【绿】位图图像，单击【打开】按钮，导入到舞台中，如图 6-8 所示。

(2) 使用【任意变形】工具调整位图的大小和位置，如图 6-9 所示。

图 6-8　【导入】对话框

图 6-9　调整位图位置和大小

(3) 选中导入的位图图像，选择【修改】|【位图】|【转换位图为矢量图】命令，打开【转换位图为矢量图】对话框，设置【颜色阈值】为 10，然后单击【确定】按钮，如图 6-10 所示。

(4) 此时，位图已经转换为矢量图，如图 6-11 所示。

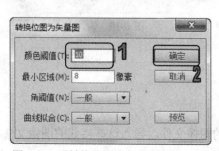

图 6-10　【转换位图为矢量图】对话框

图 6-11　位图转换为矢量图

计算机 基础与实训教材系列

(5) 选择【工具】面板中的【滴管】工具，将光标移至图像有文字的绿色色块上，单击吸取图像颜色，如图 6-12 所示。

(6) 选择【工具】面板中的【刷子】工具，将光标移至图像字符上，拖动左键刷上绿色掩盖文字，如图 6-13 所示。

图 6-12　使用【吸管】工具吸取颜色　　　　图 6-13　使用【刷子】工具覆盖文字

(7) 选择【文本】工具，在其【属性】面板中设置传统静态文本，然后设置文本颜色为白色，字体为新宋体，大小为 30，如图 6-14 所示。

(8) 单击舞台图片，在文本框中输入"春风吹绿地"，如图 6-15 所示。

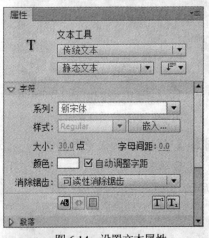

图 6-14　设置文本属性　　　　　　　　　图 6-15　输入文本

6.2　导入其他图形格式

在 Flash CS6 中，还可以导入 PSD、AI 等格式的图像文件。导入这些格式的图像文件，可以保证图像的质量和保留图像的可编辑性。

6.2.1 导入 PSD 文件

PSD 是默认的 Photoshop 文件格式。在 Flash CS6 中不仅可以直接导入 PSD 文件并保留许多 Photoshop 功能，而且可以在 Flash CS6 中保持 PSD 文件的图像质量和可编辑性。

要导入 Photoshop 的 PSD 文件，可以选择【文件】|【导入】|【导入到舞台】命令，在打开的【导入】对话框中选择要导入的 PSD 文件，然后单击【打开】按钮，打开【将*.psd 导入到舞台】对话框，如图 6-16 所示。

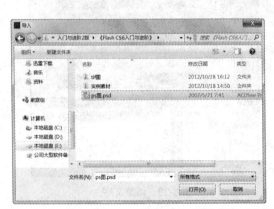

图 6-16 打开【将*.psd 导入到舞台】对话框

【例 6-2】新建一个文档，将 PSD 文件导入舞台并进行编辑。

(1) 启动 Flash CS6，选择【文件】|【新建】命令，新建一个 Flash 文档。

(2) 选择【文件】|【导入】|【导入到舞台】命令，打开【导入】对话框，选择要导入的 PSD 文件，然后单击【打开】按钮，如图 6-17 所示。

(3) 打开【将*.psd 导入到舞台】对话框，在【检查要导入的 Photoshop 图层】列表中选中所有图层选项，在【将图层转换为】下拉列表中选择【Flash 图层】选项，然后选中【将舞台大小设置为与 Photoshop 画布大小相同】复选框，单击【确定】按钮，如图 6-18 所示。

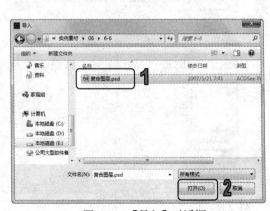
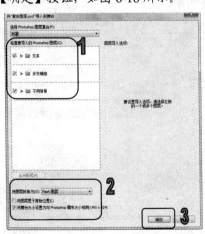

图 6-17 【导入】对话框　　　　图 6-18 【将*.psd 导入到舞台】对话框

(4) PSD 文件被导入 Flash CS6 中后，其在舞台上表现为多个位图文件的叠加，在时间轴上则表现为多个图层，如图 6-19 所示。

(5) 选中其中一个文字图层，使用【任意变形】工具变化形状和大小，如图 6-20 所示。

 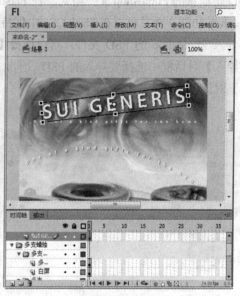

图 6-19　显示 PSD 图片　　　　　　　　　　图 6-20　调整文字

⑥.2.2　导入 AI 文件

AI 文件是 Illustrator 软件的默认保存格式，由于该格式不需要针对打印机，所以精简了很多不必要的打印定义代码语言，从而使文件的体积减小很多。

要导入 AI 文件，可以选择【文件】|【导入】|【导入到舞台】命令，在打开的【导入】对话框中选中要导入的 AI 文件，然后单击【确定】按钮，打开【将*.ai 导入到舞台】对话框，如图 6-21 所示。

图 6-21　导入 AI 文件

在【将*.ai 导入到舞台】对话框的【将图层转换为】下拉列表框中，可以选择将 AI 文件的图层转换为 Flash 图层、关键帧或单一 Flash 图层。

6.3 导入影音媒体文件

媒体是指传播信息的介质，通俗地说就是宣传的载体或平台，能为信息的传播提供平台的就可以称之为媒体。在 Flash CS6 中的媒体文件主要包括视频文件和声音文件。下面将介绍导入这两种文件的操作方法。

6.3.1 导入声音文件

Flash 在导入声音时，可以为按钮添加音效，也可以将声音导入到时间轴上，作为整个动画的背景音乐。在 Flash CS6 中，可以将外部的声音文件导入到动画中，也可以使用共享库中的声音文件。

1. 声音的类型

在 Flash 动画中插入声音文件，首先需要决定插入声音的类型。Flash CS6 中的声音分为事件声音和音频流两种。

- 事件声音：事件声音必须在动画全部下载完后才可以播放，如果没有明确的停止命令，它将连续播放。在 Flash 动画中，事件声音常用于设置单击按钮时的音效，或者用来表现动画中某些短暂动画时的音效。因为事件声音在播放前必须全部下载才能播放，因此此类声音文件不能过大，以减少下载动画时间。在运用事件声音时要注意，无论什么情况下，事件声音都是从头开始播放的且无论声音的长短都只能插入到一个帧中。

- 音频流：音频流在前几帧下载了足够的数据后就开始播放，通过和时间轴同步可以使其更好地在网站上播放，可以边观看边下载。此类声音多应用于动画的背景音乐。

 提示

在实际制作动画过程中，绝大多数是结合事件声音和音频流两种类型声音的方法来插入音频的。

2. 导入声音

在 Flash CS6 中，可以导入 WAV、MP3 等文件格式的声音文件，但不能直接导入 MIDI 文件。导入文档的声音文件一般会保存在【库】面板中，因此与元件一样，只需要创建声音文件的实例就可以以各种方式在动画中使用该声音。

要将声音文件导入 Flash 文档的【库】面板中，可以选择【文件】|【导入】|【导入到库】命令，打开【导入到库】对话框，选择需要导入的声音文件，单击【打开】按钮，如图 6-22 所示，此时将添加声音文件至【库】面板中，如图 6-23 所示。

图 6-22　【导入到库】对话框

图 6-23　添加声音文件至【库】面板

3. 导入声音到文档

　　导入声音文件后，可以将声音文件添加到文档中。要在文档中添加声音，从【库】面板中拖动声音文件到舞台中，即可将其添加至当前文档中。选择【窗口】|【时间轴】命令，打开【时间轴】面板，在该面板中显示了声音文件的波形，如图 6-24 所示。选择时间轴中包含声音波形的帧，打开【属性】面板，可以查看【声音】选项卡属性，如图 6-25 所示。

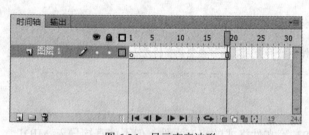

图 6-24　显示声音波形

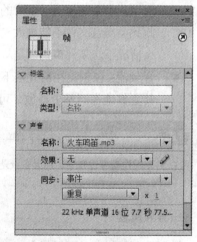

图 6-25　【声音】选项卡

　　在帧【属性】面板中，【声音】选项卡的主要参数选项具体作用如下。

- ◉ 【名称】：选择导入的一个或多个声音文件名称。
- ◉ 【效果】：设置声音的播放效果。
- ◉ 【同步】：设置声音的同步方式。

● 【重复】：单击该按钮，在下拉列表中可以选择【重复】和【循环】两个选项。选择
【重复】选项，可以在右侧的【循环次数】文本框中输入声音外部循环播放次数；选
择【循环】选项，声音文件将循环播放。

提示
在 Flash CS6 中，用户还可以为按钮元件添加声音，使按钮在不同状态下具有不同的音效。

⑥.3.2 编辑导入声音

在 Flash CS6 中，可以执行改变声音开始播放、停止播放的位置和控制播放的音量等编辑
操作。

1. 编辑声音封套

选择一个包含声音文件的帧，打开【属性】面板，单击【编辑声音封套】按钮 ，打开【编
辑封套】对话框。该对话框中的上下两个显示框分别代表左声道和右声道，如图 6-26 所示。

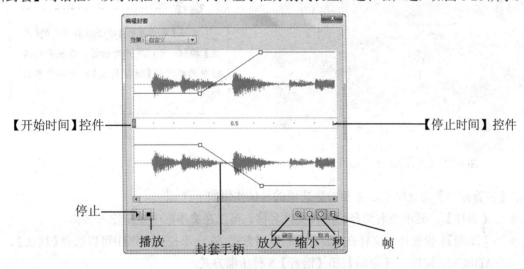

图 6-26 【编辑封套】对话框

在【编辑封套】对话框中，主要参数选项的具体作用如下。

● 【效果】：设置声音的播放效果，在该下拉列表框中可以选择【无】、【左声道】、
【右声道】、【从左到右淡出】、【从右到左淡出】、【淡入】、【淡出】和【自定
义】8 个选项。选择任意效果，即可在下面的显示框中显示该声音效果的封套线。
● 封套手柄：在显示框中拖动封套手柄，可以改变声音不同点处的播放音量。在封套线
上单击，即可创建新的封套手柄。最多可创建 8 个封套手柄。选中任意封套手柄，拖
动至对话框外面，即可删除该封套手柄。

- 【放大】和【缩小】：改变窗口中声音波形的显示。单击【放大】按钮 ，可以以水平方向放大显示窗口的声音波形，一般用于进行细致查看声音波形操作；单击【缩小】按钮 ，以水平方向缩小显示窗口的声音波形，一般用于查看波形较长的声音文件。

- 【秒】和【帧】：设置声音是以秒为单位显示或是以帧为单位显示。单击【秒】按钮 ，以显示窗口中的水平轴为时间轴，刻度以秒为单位，是 Flash CS6 默认的显示状态。单击【帧】按钮 ，以窗口中的水平轴为时间轴，刻度以帧为单位。

- 【播放】：单击【播放】按钮 ，可以测试编辑后的声音效果。

- 【停止】：单击【停止】按钮 ，可以停止声音的播放。

- 【开始时间】和【停止时间】：改变声音的起始点和结束点位置。

2. 设置声音文件属性

用户可以对添加的声音文件设置属性。导入声音文件到【库】面板中，右击声音文件，在弹出的快捷菜单中选择【属性】命令，打开【声音属性】对话框，如图 6-27 所示。

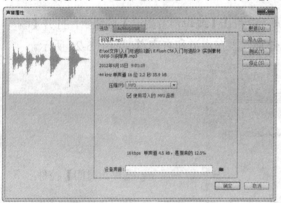

图 6-27 【声音属性】对话框

> **提示**
>
> 单击【声音属性】对话框右下角的【高级】按钮，可以展开对话框，在展开对话框中的参数与【链接属性】对话框中参数相同。

在【声音属性】对话框中，主要参数选项的具体作用如下。

- 【名称】：显示当前选择的声音文件名称。可以在文本框中重新输入名称。

- 【压缩】：设置声音文件在 Flash 中的压缩方式，在该下拉列表框中可以选择【默认】、ADPCM、MP3、【原始】和【语音】5 种压缩方式。

- 【更新】：单击该按钮，可以更新设置好的声音文件属性。

- 【导入】：单击该按钮，可以导入新的声音文件并且替换原有的声音文件。但在【名称】文本框显示的仍是原有声音文件的名称。

- 【测试】：单击该按钮，按照当前设置的声音属性测试声音文件。

⑥.3.3 压缩声音

声音文件的压缩比例越高、采样频率越低，生成的 Flash 文件越小，但音质较差；反之，压缩比例较低，采样频率越高时，生成的 Flash 文件越大，音质较好。但在 Flash CS6 中，不能设置声音文件的采样频率高于导入时的采样频率。

打开【声音属性】对话框，在【压缩】下拉列表框中可以选择默认、ADPCM、MP3、Raw 和语音 5 种压缩方式。

1. ADPCM 压缩方式

ADPCM 压缩方式用于 8 位或 16 位声音数据压缩声音文件，一般用于导出短事件声音，如单击按钮事件。打开【声音属性】对话框，在【压缩】下拉列表框中选择 ADPCM 选项，打开该选项对话框，如图 6-28 所示。

在该对话框中，主要参数选项具体作用如下。

- 【预处理】：选中【将立体声转换为单声道】复选框，可转换混合立体声为单声(非立体声)，并且不会影响单声道声音。
- 【采样率】：控制声音的保真度及文件大小，设置的采样比率较低，可以减小文件大小，但同时会降低声音的品质。对于语音，5kHz 是最低的可接受标准；对于音乐短片断，11kHz 是最低的建议声音品质；标准 CD 音频的采样率为 44kHz；Web 回放的采样率常用 22kHz。
- 【ADPCM 位】：设置在 ADPCM 编码中使用的位数，压缩比越高，声音文件越小，音效也越差。

2. MP3 压缩方式

使用 MP3 压缩方式，能够以 MP3 压缩格式导出声音。一般用于导出一段较长的音频流。打开【声音属性】对话框中，在【压缩】下拉列表框中选择 MP3 选项，打开该选项对话框，如图 6-29 所示。

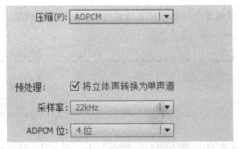

图 6-28　ADPCM 压缩

图 6-29　MP3 压缩

在该对话框中，主要参数选项具体作用如下。

- 【预处理】：选中【将立体声转换为单声道】复选框，可转换混合立体声为单声(非立体声)，【预处理】选项只有在选择的比特率高于 16Kb/s 或更高时才可用。
- 【比特率】：决定由 MP3 编码器生成声音的最大比特率，从而可以设置导出声音文件中每秒播放的位数。Flash CS5 支持 8Kb/s 到 160Kb/s CBR(恒定比特率)，设置比特率为 16Kb/s 或更高数值，可以获得较好的声音效果。

- 【品质】：设置压缩速度和声音的品质。在下拉列表框中选择【快速】选项，压缩速度较快，声音品质较低；选择【中】选项，压缩速度较慢，声音品质较高；选择【最佳】选项，压缩速度最慢，声音品质最高。一般情况下，在本地磁盘或 CD 上运行，选择【中】或【最佳】选项。

3. Raw 压缩方式

使用 Raw 压缩方式，在导出声音时不进行任何压缩。打开【声音属性】对话框，在【压缩】下拉列表框中选择 Raw 选项，打开该选项对话框。在该对话框中，主要可以设置声音文件的【预处理】和【采样率】选项，如图 6-30 所示。

4. 语音压缩方式

使用【语音】压缩方式，能够以适合于语音的压缩方式导出声音。打开【声音属性】对话框中，在【压缩】下拉列表框种选择【语音】选项，打开该选项对话框，可以设置声音文件的【预处理】和【采样率】选项，如图 6-31 所示。

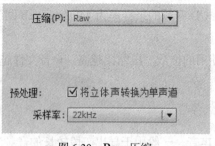

图 6-30　Raw 压缩

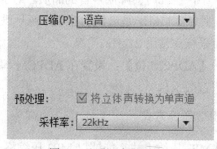

图 6-31　【语音】压缩

> **提示**
>
> 在设置单元格的边框时，单击【边框】栏中围绕预览框的 8 个按钮即可在预览框中看到设置的效果，其中 8 个按钮能否可用取决于在【预览】栏中单击的按钮。

⑥.3.4　导出声音

使用 Flash CS6 导出声音文件，除了通过采样比率和压缩控制声音的大小，还可以有效地控制声音文件的大小。

导出 Flash 文档声音标准的几种方法如下。

- 打开【编辑封套】对话框，设置开始时间切入点和停止时间切出点，以避免静音区域保存在 Flash 文件中，减小声音文件的大小，如图 6-32 所示。
- 在不同关键帧上应用同一声音文件的不同声音效果，如循环播放、淡入、淡出等。这样只使用一个声音文件而得到更多的声音效果，同时达到减小文件大小的目的，如图 6-33 所示。

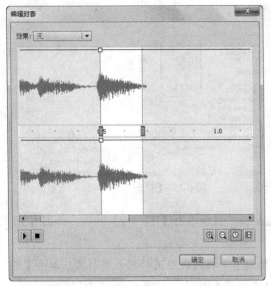

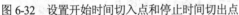

图 6-32　设置开始时间切入点和停止时间切出点　　　　图 6-33　应用声音效果

- 用短声音作为背景音乐循环播放。
- 从嵌入的视频剪辑中导出音频时，该音频是通过【发布设置】对话框中选择的全局流设置导出的。
- 在编辑器中预览动画时，使用流同步可以使动画和音轨保持同步。不过，如果计算机运算速度不够快，绘制动画帧的速度将会跟不上音轨，那么 Flash 就会跳过某些帧。

6.3.5　导入视频文件

在 Flash CS6 中可以导入多种视频文件，如 AVI、Mpeg、WMV、FLV 等格式的视频文件。

Flash CS6 拥有 Video Encoder 视频编码应用程序，它可以将支持的视频格式转换为 Flash 特有的视频格式，即 FLV 格式。FLV 格式全称为 Flash Video，它的出现有效地解决了视频文件导入 Flash 后过大的问题，已经成为现今主流的视频格式之一。

要将视频文件直接导入到 Flash 文档的舞台中，可以选择【文件】|【导入】|【导入到舞台】命令；如果要将视频文件导入到 Flash 文档的【库】面板中，可以选择【文件】|【导入】|【导入视频】命令。

【例 6-3】新建一个文档，将一个视频文件导入舞台。

(1) 启动 Flash CS6，选择【文件】|【新建】命令，新建一个 Flash 文档。

(2) 选择【文件】|【导入】|【导入视频】命令，此时打开【导入视频-选择视频】对话框，单击【浏览】按钮，如图 6-34 所示

(3) 打开【打开】对话框，选择【卡通.flv】视频文件，单击【打开】按钮，返回【导入视频-选择视频】对话框，如图 6-35 所示。

图 6-34 单击【浏览】按钮

图 6-35 【打开】对话框

(4) 选中【使用播放组件加载外部视频】单选按钮，然后单击【下一步】按钮，如图 6-36 所示。

(5) 打开【导入视频-外观】对话框，可以在【外观】下拉列表中选择播放条样式，单击【颜色】按钮，可以选择播放条样式颜色，然后单击【下一步】按钮，如图 6-37 所示。

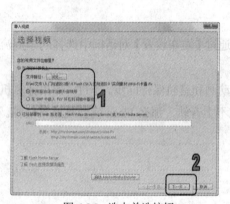

图 6-36 选中单选按钮

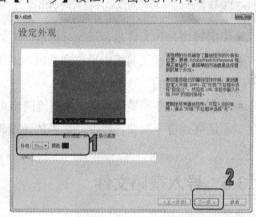

图 6-37 选择播放条外观

(6) 打开【导入视频-完成视频导入】对话框，在该对话框中显示了导入视频的一些信息，单击【完成】按钮，即可将视频文件导入到舞台中，如图 6-38 所示。

(7) 单击舞台中播放条里的播放按钮▶，即可开始播放该视频，如图 6-39 所示。

图 6-38 单击【完成】按钮

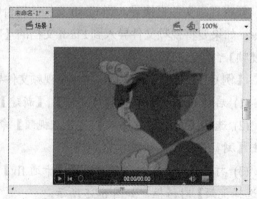

图 6-39 播放视频

计算机 基础与实训教材系列

6.4 上机练习

本章的上机实验主要为制作一个视频播放器，使用户更好地掌握 Flash CS6 的导入视频和图片的操作内容。

(1) 启动 Flash CS6，选择【新建】|【文档】命令，新建一个文档。

(2) 选择【文件】|【导入】|【导入到库】命令，打开【导入到库】对话框，将两张位图文件选中后，导入到【库】面板内，如图 6-40 所示。

(3) 将【库】面板的【背景】图片拖入到舞台中充当背景，拖入【边框】图片到舞台中，复制并进行翻转，调整其位置和大小，将其组合成一个矩形的框架，如图 6-41 所示。

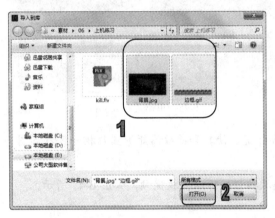

图 6-40 【导入到库】对话框

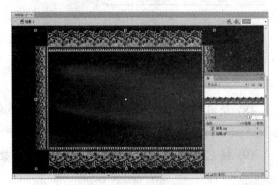

图 6-41 调整图片

(4) 选择【文件】|【导入】|【导入到舞台】命令，打开【导入】对话框，选中 FLV 视频格式文件，单击【打开】按钮，如图 6-42 所示。

(5) 打开【导入视频-选择视频】对话框，保持默认选项，然后单击【下一步】按钮，如图 6-43 所示。

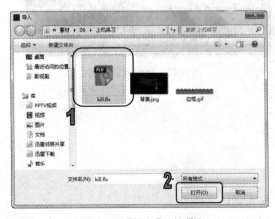

图 6-42 【导入】对话框

图 6-43 单击【下一步】按钮

计算机 基础与实训教材系列

(6) 在【导入视频-外观】对话框中的【外观】下拉列表中选择播放条样式，单击【颜色】按钮，可以选择播放条样式颜色，然后单击【下一步】按钮，如图 6-44 所示。

(7) 打开【导入视频-完成视频导入】对话框，单击【完成】按钮，即可将视频文件导入到舞台中，如图 6-45 所示。

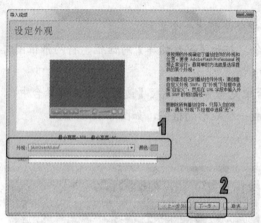

图 6-44　设置播放条外观

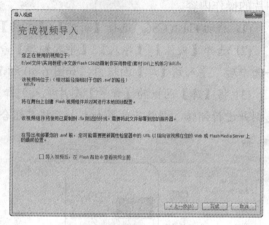

图 6-45　单击【完成】按钮

(8) 使用视频四周控制点，调整视频的大小和位置，使其和播放器矩形图片相一致，如图 6-46 所示。

(9) 按 Ctrl+Enter 键，开始测试影片，单击播放按钮，可以播放视频，如图 6-47 所示。

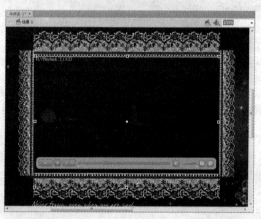

图 6-46　调整视频位置和大小

图 6-47　播放视频效果

6.5　习题

1. 简述如何将位图转换为矢量图。

2. 新建一个 Flash 文档，然后将一幅 AI 文件导入到该文档中。

3. 新建一个 Flash 文档，然后将一幅 FLV 格式的视频文件导入到其中，并适当设计其版面。

第 7 章

时间轴、帧和图层的应用

学习目标

在 Flash 动画中，时间轴用于组织和控制动画内容在一定时间内播放的图层数与帧数。帧是 Flash 动画的长度单位，使用图层可以将动画中的不同对象与动作区分开。本章主要介绍时间轴、帧和图层在 Flash 动画的基本概念和操作内容。

本章重点

- ◉ 时间轴和帧的概念
- ◉ 帧的基本操作
- ◉ 制作逐帧动画
- ◉ 图层的概念
- ◉ 编辑图层

7.1 时间轴和帧

帧是 Flash 动画的最基本组成部分，Flash 动画是由不同的帧组合而成的。时间轴是摆放和控制帧的地方，帧在时间轴上的排列顺序将决定动画的播放顺序。

7.1.1 时间轴和帧的概念

时间轴是 Flash 动画的控制台，所有关于动画的播放顺序、动作行为以及控制命令等工作都需要在时间轴中编排。

时间轴主要由图层、帧和播放头组成，在播放 Flash 动画时，播放头沿时间轴向后滑动，而图层和帧中的内容则随着时间的变化而变化，如图 7-1 所示。

图 7-1 【时间轴】面板

提示
　　【时间轴】面板默认和【动画编辑器】面板在同一个面板中，用户可以选择将【动画编辑器】面板拿掉。

帧是 Flash 动画的基本组成部分，动画的播放顺序是由帧在时间轴上的排列顺序来决定的。

每一帧中的具体内容，则需在相应的帧的工作区域内进行制作，如在第一帧包含了一幅图，那么这幅图只能作为第一帧的内容，第二帧还是空的，如图 7-2 所示。

图 7-2 帧所包含的内容

知识点
　　帧的播放顺序不一定会严格按照时间轴的横轴方向进行播放，如自动播放到某一帧就停止，然后接受用户的输入或回到起点重新播放，直到某个事件被激活后才能继续播放下去等。这种互动式动画将涉及到 Flash 的动作脚本语言。

7.1.2 帧的基本类型

在 Flash CS6 中用来控制动画播放的帧具有不同的类型，选择【插入】|【时间轴】命令，在弹出的子菜单中显示了【帧】、【关键帧】和【空白关键帧】3 种类型帧，如图 7-3 所示。

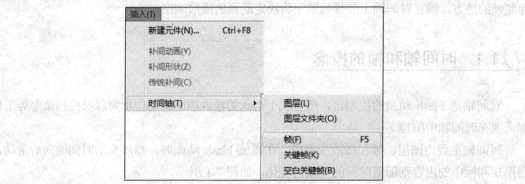

图 7-3 帧的类型

不同类型的帧在动画中发挥的作用也不同，这 3 种类型帧的具体作用如下。

● 帧(普通帧)：Flash CS6 中连续的普通帧在时间轴上用灰色显示，并且在连续普通帧的最后一帧中有一个空心矩形块，如图 7-4 所示。连续普通帧的内容都相同，在修改其中的某一帧时其他帧的内容也同时被更新。由于普通帧的这个特性，通常用它来放置动画中静止不变的对象(如背景和静态文字)。

● 关键帧：关键帧在时间轴中是含有黑色实心圆点的帧，是用来定义动画变化的帧，在动画制作过程中是最重要的帧类型，如图 7-5 所示。在使用关键帧时不能太频繁，过多的关键帧会增大文件的大小。补间动画的制作就是通过关键帧内插的方法实现的。

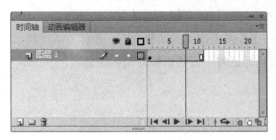

图 7-4　普通帧

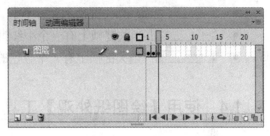

图 7-5　关键帧

● 空白关键帧：在时间轴中插入关键帧后，左侧相邻帧的内容就会自动复制到该关键帧中，如果不想让新关键帧继承相邻左侧帧的内容，可以采用插入空白关键帧的方法。在每一个新建的 Flash 文档中都有一个空白关键帧。空白关键帧在时间轴中是含有空心小圆圈的帧，如图 7-6 所示。

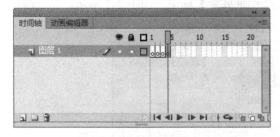

图 7-6　空白关键帧

> **提示**
> 由于 Flash 文档会保存每一个关键帧中的形状，所以制作动画时只需在插图中有变化的地方创建关键帧。

⑦.1.3　帧的常见显示状态

帧在时间轴上具有多种表现形式，根据创建动画的不同，帧会呈现出不同的状态甚至是不同的颜色。

● ●━━━━▶：当起始关键帧和结束关键帧用一个黑色圆点表示，中间补间帧为紫色背景并被一个黑色箭头贯穿时，表示该动画是设置成功的传统补间动画。

● ●┈┈┈┈┈┈：当传统补间动画被一条虚线贯穿时，表明该动画是设置不成功的传统补间动画。

- ⊙ ![]: 当起始关键帧和结束关键帧用一个黑色圆点表示，中间补间帧为绿色背景并被一个黑色箭头贯穿时，表示该动画是设置成功的补间形状动画。

- ⊙ ![]: 当补间形状动画被一条虚线贯穿时，表明该动画是设置不成功的补间形状动画。

- ⊙ ![]: 当起始关键帧用一个黑色圆点表示，中间补间帧为蓝色背景时，表示该动画为补间动画。

- ⊙ ![]: 如果在单个关键帧后面包含有浅灰色的帧，则表示这些帧包含与第一个关键帧相同的内容。

- ⊙ ![a]: 当关键帧上有一个小 "a" 标记时，表明该关键帧中有帧动作。

- ⊙ ![aaa]: 当关键帧上有一个小红旗标记时，表明该关键帧包含有一个标签或注释。

- ⊙ ![animation]: 当关键帧上有一个金色的锚记标记时，表明该帧为命名锚记。

⑦.1.4 使用【绘图纸外观】工具

一般情况下，在舞台中只能显示动画序列的某一帧上内容，为了便于定位和编辑动画，可以使用【绘图纸外观】工具，一次查看在舞台上两个或更多帧的内容。

1. 工具的操作

单击【时间轴】面板上【绘图纸外观】按钮🖺，在【时间轴】面板播放头两侧会出现【绘图纸外观】标记，即【开始绘图纸外观】和【结束绘图纸外观】标记，如图 7-7 所示。在这两个标记之间的所有帧的对象都会显示出来，但这些内容不可以被编辑。

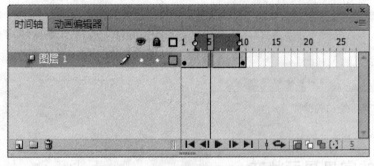

图 7-7　显示【绘图纸外观】标记

 提示

　　使用【绘图纸外观】工具时，不会显示锁定图层(带有挂锁图标的图层)的内容。为了便于清晰地查看对象，避免出现大量混乱的图像，可以锁定或隐藏不需要对其使用绘图纸外观的图层。

使用【绘图纸外观】工具可以设置图像的显示方式和显示范围，并且可以编辑【绘图纸外观】标记内的所有帧，相关的操作如下。

- 设置显示方式：如果舞台中的对象太多，为了方便查看其他帧上的内容，可以将具有【绘图纸外观】的帧显示为轮廓，单击【绘图纸外观轮廓】按钮 即可显示对象轮廓。
- 移动【绘图纸外观】标记位置：选中【开始绘图纸外观】标记，可以向动画起始帧位置移动；选中【结束绘图纸外观】标记，可以向动画结束帧位置移动。(一般情况下，选中整个【绘图纸外观】标记移动，将会和当前帧指针一起移动。)
- 编辑标记内所有帧：【绘图纸外观】只允许编辑当前帧，单击【编辑多个帧】按钮 ，可以显示【绘图纸外观】标记内每个帧的内容。

2. 更改标记

使用【绘图纸外观】工具，还可以更改【绘图纸外观】标记的显示。单击【修改绘图纸标记】按钮 ，在弹出的下拉菜单中可以选择【始终显示标记】、【锚定标记】、【标记范围2】、【标记范围5】和【标记整个范围】5个选项。

这5个选项的具体作用如下。

- 【始终显示标记】：无论【绘图纸外观】是否打开，都会在时间轴标题中显示绘图纸外观标记。
- 【锚定标记】：将【绘图纸外观】标记锁定在时间轴当前位置。
- 【标记范围2】：显示当前帧左右两侧的两个帧内容。
- 【标记范围5】：显示当前帧左右两侧的5个帧内容。
- 【标记整个范围】：显示当前帧左右两侧的所有帧内容。

7.2 帧的操作

在制作动画时，用户可以根据需要对帧进行一些基本操作，如插入、选择、删除、清除、复制、移动帧等。

7.2.1 插入帧

帧的操作可以在【时间轴】面板上操作，首先介绍插入帧的操作。要在时间轴上插入帧，可以通过以下几种方法实现。

- 时间轴上选中要创建关键帧的帧位置，按下F5键插入帧，按下F6键插入关键帧，按下F7键插入空白关键帧。

> **提示**
>
> 在插入了关键帧或空白关键帧之后，可以直接按下F5键或其他键进行扩展，每按一次将关键帧或空白关键帧长度将扩展1帧。

- 右击时间轴上要创建关键帧的帧位置，在弹出的快捷菜单中选择【插入帧】、【插入关键帧】或【插入空白关键帧】命令，可以插入帧、关键帧或空白关键帧，如图 7-8 所示。

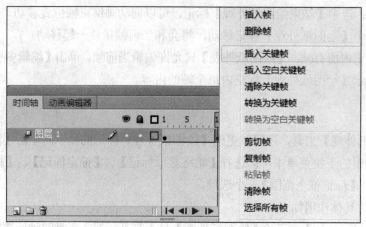

图 7-8　选择各种插入帧的命令

- 在时间轴上选中要创建关键帧的帧位置，选择【插入】|【时间轴】命令，在弹出的子菜单中选择相应命令，可插入帧、关键帧和空白关键帧。

⑦.2.2　选择帧

　　要对帧进行操作，首先要选择帧，选择【窗口】|【时间轴】命令，打开【时间轴】面板，对帧进行选择操作。

　　选择帧可以通过以下几种方法实现。

- 选择单个帧：把光标移到需要的帧上，单击即可。
- 选择多个不连续的帧：按住 Ctrl 键，然后单击需要选择的帧。
- 选择多个连续的帧：按住 Shift 键，单击需要选择该范围内的开始帧和结束帧，效果如图 7-9 所示。
- 选择所有的帧：在任意一个帧上右击，从弹出的快捷菜单中选择【选择所有帧】命令，如图 7-10 所示。或者选择【编辑】|【时间轴】|【选择所有帧】命令，同样可以选择所有的帧。

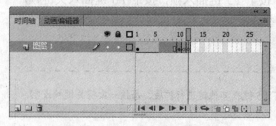

图 7-9　按住 Shift 键选择连续帧

图 7-10　选择【选择所有帧】命令

⑦.2.3　删除和清除帧

删除帧操作不仅可以删除帧中的内容，还可以将选中的帧进行删除，还原为初始状态，如图 7-11 所示。

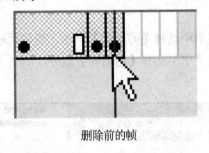

删除前的帧　　　　　　　　　　　　删除后的帧

图 7-11　删除帧

要进行删除帧的操作，可以按照选择帧的几种方法，先将要删除的帧选中，然后在选中的帧中的任意一帧上右击，从弹出的快捷菜单中选择【删除帧】命令；或者在选中帧以后选择【编辑】|【时间轴】|【删除帧】命令。

清除帧与删除帧的区别在于，清除帧仅把被选中的帧上的内容清除，并将这些帧自动转换为空白关键帧状态，清除帧的效果如图 7-12 所示。

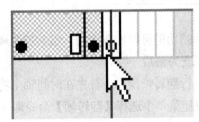

清除前的帧　　　　　　　　　　　　清除后的帧

图 7-12　清除前后的帧

⑦.2.4　复制帧

复制帧操作可以将同一个文档中的某些帧复制到该文档的其他帧位置，也可以将一个文档中的某些帧复制到另外一个文档的特定帧位置。

要进行复制和粘贴帧的操作，可以按照选择帧的几种方法，先将要复制的帧选中，然后在被选中帧中的任意一帧上右击，从弹出的快捷菜单中选择【复制帧】命令；或者在选中帧以后选择【编辑】|【时间轴】|【复制帧】命令。

然后在需要粘贴的帧上右击，从弹出的快捷菜单中选择【粘贴帧】命令；或者在选中帧以后选择【编辑】|【时间轴】|【粘贴帧】命令即可。

7.2.5 移动帧

帧的移动操作主要有以下两种。

- 将鼠标光标放置在所选帧上面，出现 显示状态时，拖动选中的帧，移动到目标帧位置以后释放鼠标，如图 7-13 所示。
- 选中需要移动的帧并右击，从打开的快捷菜单中选择【剪切帧】命令，然后用鼠标选中帧移动的目的地并右击，从打开的快捷菜单中选择【粘贴帧】命令，如图 7-14 所示。

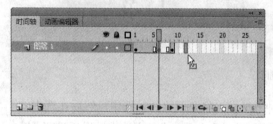

图 7-13 移动选中帧

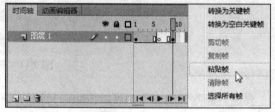

图 7-14 选择【粘贴帧】命令

7.2.6 翻转帧

翻转帧功能可以使选定的一组帧按照顺序翻转过来，使原来的最后一帧变为第 1 帧，原来的第 1 帧变为最后一帧。

要进行翻转帧操作，首先在时间轴上将所有需要翻转的帧选中，然后右击被选中的帧，从弹出的快捷菜单中选择【翻转帧】命令即可，如图 7-15 所示。

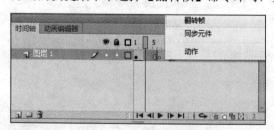

图 7-15 选择【翻转帧】命令

> **提示**
>
> 选择【控制】|【测试影片】命令，会发现播放顺序与翻转前相反。

7.3 制作逐帧动画

对于大多数 Flash 动画的初学者而言，逐帧动画是最简单易懂的一种动画形式，学习起来也比较简单。

7.3.1　逐帧动画制作原理

逐帧动画，也称为帧帧动画，是最常见的动画形式，最适合于图像在每一帧中都在变化而不是在舞台上移动的复杂动画。

逐帧动画的原理是在连续的关键帧中分解动画动作，也就是要创建每一帧的内容，才能连续播放而形成动画。它与电影播放模式相似，适合于表演很细腻的动画，通常在网络上看到的行走、头发的飘动等动画，很多都是通过逐帧动画实现。

逐帧动画在时间轴上表现为连续出现的关键帧。要创建逐帧动画，就要将每一个帧都定义为关键帧，为每个帧创建不同的对象。

通常，创建逐帧动画主要有以下几种方法。

- 将 JPG、PNG 等格式的静态图片连续导入到 Flash 中，就会建立一段逐帧动画。
- 绘制矢量逐帧动画，用鼠标或压感笔在场景中一帧帧地画出帧内容。
- 文字逐帧动画，用文字作为帧中的元件，实现文字跳跃、旋转等特效。
- 指令逐帧动画，在时间帧面板上，逐帧写入动作脚本语句来完成元件变化。
- 导入序列图像，可以导入 GIF 序列图像、SWF 动画文件或者利用第 3 方软件(如 swish、swift 3D 等)产生的动画序列。

7.3.2　创建逐帧动画

下面将通过一个实例介绍逐帧动画的制作过程。

【例 7-1】新建一个文档，制作逐帧动画。

(1) 启动 Flash CS6，选择【文件】|【新建】命令，新建一个 Flash 文档。

(2) 选择【文件】|【导入】|【导入到库】命令，打开【导入到库】对话框，选择一组图片文件，单击【打开】按钮将其导入到库，如图 7-16 所示。

(3) 在时间轴上选中第 1 帧，然后选择【插入】|【时间轴】|【关键帧】命令，使第 1 帧成为关键帧，然后将【库】面板中的第 1 幅位图拖入舞台中央，如图 7-17 所示。

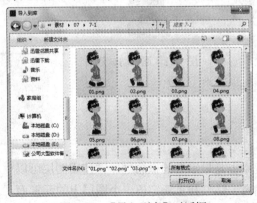

图 7-16　【导入到库】对话框

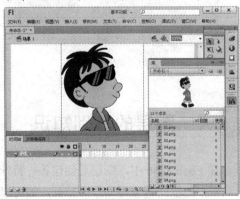

图 7-17　拖动位图到关键帧上

(4) 在时间轴上选中第 2 帧，然后选择【插入】|【时间轴】|【空白关键帧】命令，使第 2 帧成为空白关键帧，然后将【库】面板中的第 2 幅位图拖入舞台中央，如图 7-18 所示。

(5) 依此类推，重复之前的步骤，在时间轴上不断创建新的关键帧并拖动【库】面板中的位图到舞台，如图 7-19 所示。

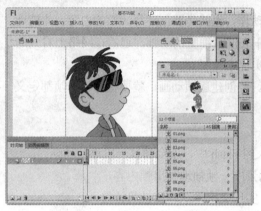

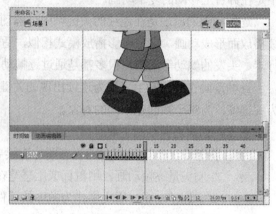

图 7-18 拖入第 2 张位图　　　　　　　　　　图 7-19 拖入所有位图

(6) 在舞台上分别选中各个帧里的图形，然后打开其【属性】面板，在【位置和大小】组里设置 X 值为 150，Y 值为 0，使每张图片在舞台上的位置一致，如图 7-20 所示。

(7) 按下 Ctrl+Enter 快捷键即可观看逐帧动画，效果为一个走路的男孩，如图 7-21 所示。

图 7-20 设置位图属性　　　　　　　　　　图 7-21 逐帧动画效果

7.4 图层的基础知识

在 Flash CS6 中，图层是创建各种特殊效果最基本也是最重要的概念之一。使用图层可以将动画中的不同对象与动作区分开，如可以绘制、编辑、粘贴和重新定位一个图层上的元素而不会影响到其他图层，因此不必担心在编辑过程中会对图像产生无法恢复的误操作。

⑦.4.1 图层的概念

图层类似透明的薄片，层层叠加，如果一个图层上有一部分没有内容，那么就可以透过这部分看到下面的图层上的内容。通过图层可以方便地组织文档中的内容。而且，当在某一图层上绘制和编辑对象时，其他图层上的对象不会受到影响。在默认状态下，【图层】面板位于【时间轴】面板的左侧。在 Flash CS6 中，图层一般共分为 5 种类型，即一般图层、遮罩层、被遮罩层、引导层、被引导层，如图 7-22 所示。

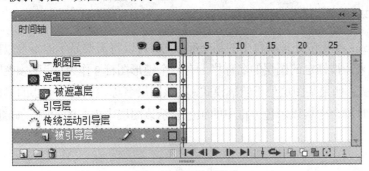

图 7-22　图层的类型

这 5 种图层类型详细说明如下。

- 一般图层：指普通状态下的图层，这种类型图层名称的前面将显示普通图层图标。

- 遮罩层：指放置遮罩物的图层，当设置某个图层为遮罩层时，该图层的下一图层便被默认为被遮罩层。这种类型的图层名称的前面有一个遮罩层图标。

- 被遮罩层：被遮罩层是与遮罩层对应的、用来放置被遮罩物的图层。这种类型的图层名称的前面有一个被遮罩层的图标。

- 引导层：在引导层中可以设置运动路径，用来引导被引导层中的对象依照运动路径进行移动。当图层被设置成引导层时，在图层名称的前面会出现一个运动引导层图标，该图层的下方图层会被默认为是被引导层；如果引导图层下没有任何图层作为被引导层，那么在该引导图层名称的前面就出现一个引导层图标。

- 被引导层：被引导层与其上面的引导层相辅相成，当上一个图层被设定为引导层时，这个图层会自动转变成被引导层，并且图层名称会自动进行缩排。

⑦.4.2 图层的模式

Flash CS6 中的图层有多种图层模式，以适应不同的设计需要，这些图层模式的具体作用及状态如下。

- 当前层模式：在任何时候只有一层处于该模式，该层即为当前操作的层，所有新对象或导入的场景都将放在这一层上。当前层的名称栏上将显示一个铅笔图标作为标识。如图 7-23 所示，【一般图层】图层即为当前层。

● 隐藏模式：要集中处理舞台中的某一部分时，则可以将多余的图层隐藏起来。隐藏图层的名称栏上有✕作为标识，表示当前图层为隐藏图层。如图 7-24 所示，【一般图层】图层即为隐藏图层。

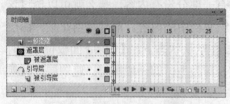

图 7-23　当前层模式

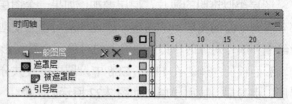

图 7-24　隐藏模式

● 锁定模式：要集中处理舞台中的某一部分时，可以将需要显示但不希望被修改的图层锁定起来。被锁定的图层的名称栏上有一个锁形图标 ● 作为标识，如图 7-25 所示。

● 轮廓模式：如果某图层处于轮廓模式，则该图层名称栏上会以空心的彩色方框作为标识，此时舞台中将以彩色方框中的颜色显示该图层中内容的轮廓，如图 7-26 所示。

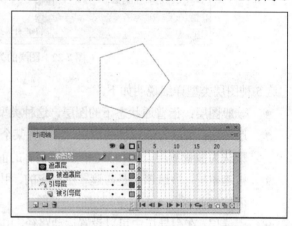

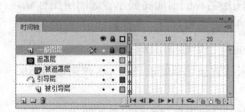

图 7-25　锁定模式

图 7-26　轮廓模式

7.5　图层的操作

图层的基本操作主要包括创建各种类型图层、删除图层等；设置图层属性操作可以在【图层属性】对话框中进行。

7.5.1　创建图层和图层文件夹

使用图层可以通过分层，将不同的内容或效果添加到不同图层上，从而组合成为复杂而生动的作品。使用图层前需要先创建图层或图层文件夹。

1. 创建图层

创建了一个新的 Flash 文档后，它只包含一个图层。可以创建更多的图层来满足动画制作的需要。

要创建图层，可以通过以下方法实现。

- 单击【时间轴】面板中的【新建图层】按钮 ，即可在选中图层的上方插入一个图层。
- 选择【插入】|【时间轴】|【图层】命令，即可在选中图层的上方插入一个图层。
- 右击图层，在弹出的快捷菜单中选择【插入图层】命令，即可在该图层上方插入一个图层。

2. 创建图层文件夹

图层文件夹可以用来放置和管理图层，当创建的图层数量过多时，可以将这些图层根据实际类型归纳到同一个图层文件夹中方便管理。

创建图层文件夹，可以通过以下方法实现。

- 选中【时间轴】面板中顶部的图层，然后单击【新建文件夹】按钮 ，即可插入一个图层文件夹，如图 7-27 所示。

图 7-27 图层文件夹

提示

由于图层文件夹仅仅用于管理图层而不是用于管理对象，因此图层文件夹没有时间线和帧。

- 在【时间轴】面板中选择一个图层或图层文件夹，然后选择【插入】|【时间轴】|【图层文件夹】命令即可。
- 右击【时间轴】面板中的图层，在弹出的快捷菜单中选择【插入文件夹】命令，即可插入一个图层文件夹。

(7).5.2 选择图层

创建图层后，要修改和编辑图层，首先要选择图层。选中的图层名称栏上会显示铅笔图标 ✐，表示该图层是当前层模式并处于可编辑状态。在 Flash CS6 中，一次可以选择多个图层，但一次只能有一个图层处于可编辑状态。

要选择图层，可以通过以下方式实现。

- 单击【时间轴】面板图层名称即可选中图层。
- 单击【时间轴】面板图层上的某个帧，即可选中该图层。

- 单击舞台中某图层上的任意对象，即可选中该图层。
- 按住 Shift 键，单击【时间轴】面板中起始和结束位置的图层的名称，可以选中连续的图层。
- 按住 Ctrl 键，单击【时间轴】面板中的图层名称，可以选中不连续的图层。

⑦.5.3 复制图层

在制作动画的过程中，有时可能需要重复使用两个图层中的对象，可以通过复制图层的方式来实现，从而减少重复操作。

在 Flash CS6 中，右击当前选择的图层，从弹出的快捷菜单中选择【复制图层】命令，或者选择【编辑】|【时间轴】|【复制】图层命令，可以在选择的图层上方创建一个含有"复制"后缀字样的同名次图层，如图 7-28 所示。

如果要把一个文档内的某图层复制到另一个文档内，可以右击该图层弹出快捷菜单，选择【拷贝图层】命令，然后右击任意图层(可以是本文档内，也可以是另一文档内)，在弹出的菜单中选择【粘贴图层】命令即可在图层上方创一个与复制图层相同的图层，如图 7-29 所示。

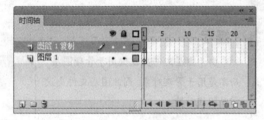

图 7-28　复制图层

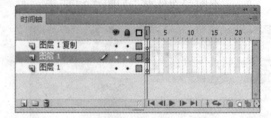

图 7-29　粘贴图层

> **提示**
>
> 在 Flash CS6 中，还可以通过复制帧与粘贴帧命令来复制图层上的所有帧，即为复制该图层。

⑦.5.4 重命名图层

在默认情况下，创建的图层会以【图层+编号】的样式为该图层命名，但这种编号性质的名称在图层较多时使用会很不方便。可以对每个图层进行重命名，使每个图层的名称都具有一定的含义，方便对图层或图层中的对象进行操作。

重命名图层可以通过以下方法实现。

- 双击在【时间轴】面板的图层，出现文本框后输入新的图层名称即可，如图 7-30 所示。
- 右击图层，在弹出的快捷菜单中选择【属性】命令，打开【图层属性】对话框。在【名称】文本框中输入图层的名称，单击【确定】按钮即可，如图 7-31 所示。

- 在【时间轴】面板中选择图层，选择【修改】|【时间轴】|【图层属性】命令，打开
【图层属性】对话框，在【名称】文本框中输入图层的新名称。

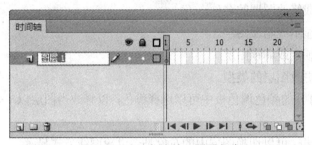

图 7-30　文本框内输入图层名称

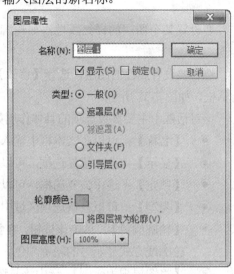

图 7-31　【图层属性】对话框

7.5.5　删除图层

选中图层后，可以进行删除图层操作，具体操作方法如下。

- 选中图层，单击【时间轴】面板的【删除】按钮，即可删除该图层。
- 拖动【时间轴】面板中所需删除的图层到【删除】按钮上即可删除。
- 右击所需删除的图层，在弹出的快捷菜单中选择【删除图层】命令即可。

7.5.6　调整图层顺序

调整图层之间的相对位置，可以得到不同的动画效果和显示效果。要更改图层的顺序，直接拖动所需改变顺序的图层到适当的位置，然后释放鼠标即可。在拖动过程中会出现一条带圆圈的黑色实线，表示图层当前已被拖动的位置，如图 7-32 所示。

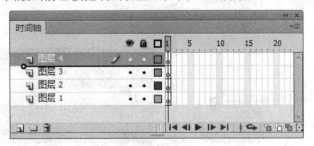

图 7-32　拖动图层改变顺序

7.5.7 设置图层属性

要设置某个图层的详细属性，如轮廓颜色、图层类型等，可以在【图层属性】对话框中实现。

选择要设置属性的图层，选择【修改】|【时间轴】|【图层属性】命令，打开【图层属性】对话框，如图 7-31 所示。

该对话框中主要参数选项的具体作用如下。

- **【名称】**：可以在文本框中输入或修改图层的名称。
- **【显示】**：选中该复选框，可以显示或隐藏图层。
- **【锁定】**：选中该复选框，可以锁定或解锁图层。
- **【类型】**：可以在该选项区域中更改图层的类型。
- **【轮廓颜色】**：单击该按钮，在打开的颜色调色板中可以选择颜色，以修改当图层以轮廓线方式显示时的轮廓颜色。
- **【将图层视为轮廓】**：选中该复选框，可以切换图层中的对象是否以轮廓线方式显示。
- **【图层高度】**：在该下拉列表框中，可以设置图层高度比例。

7.6 上机练习

本章的上机实验主要练习滚动文字动画，使用户更好地掌握 Flash CS6 的制作动画帧的实例操作，以及使用图层的相关操作内容。

(1) 启动 Flash CS6，选择【新建】|【文档】命令，新建一个文档。

(2) 选择【文件】|【导入】|【导入到舞台】命令，打开【导入】对话框，将名为"背景"的文档导入到舞台内，如图 7-33 所示。

(3) 打开【时间轴】面板，单击【新建图层】按钮，添加新图层【图层 2】，如图 7-34 所示。

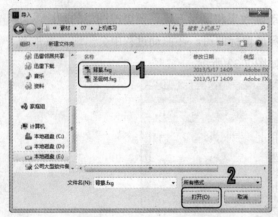

图 7-33 【导入】对话框

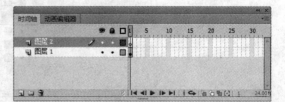

图 7-34 新建图层

计算机 基础与实训教材系列

(4) 选中【图层 2】图层，选择【文件】|【导入】|【导入到舞台】命令，打开【导入】对话框，将名为"圣诞树"的文件导入到舞台内，此时舞台中的效果如图 7-35 所示。

(5) 在【时间轴】面板里，分别在【图层 1】和【图层 2】上右击第 30 帧，选择快捷菜单中的【插入帧】命令，添加普通帧到 30 帧，如图 7-36 所示。

图 7-35 导入【圣诞树】文件

图 7-36 添加普通帧到 30 帧

(6) 在【时间轴】面板上单击【新建图层】按钮，添加新图层【图层 3】，在【图层 3】上第 5 帧处插入关键帧，如图 7-37 所示。

(7) 使用【文字】工具，在舞台上输入"M"，在其【属性】面板中设置文本的【系列】为 Chiller，【大小】为 100，【颜色】为【白色】，如图 7-38 所示。

图 7-37 新建图层并插入关键帧

图 7-38 输入字母 1

(8) 在第 6 帧处插入关键帧，使用【文本】工具在"M"字母后继续输入"e"字母。使用相同方法，在第 7、8、9 帧处插入关键帧，并输入"r"、"r"、"y"字母，如图 7-39 所示。

(9) 新建图层【图层 4】，在第 10 帧处插入关键帧，在舞台上输入"C"字母，然后在第 11~19 帧处分别插入关键帧，在后面继续输入"hristmas!"文本，如图 7-40 所示。

图 7-39　输入字母 2

图 7-40　输入字母 3

（10）分别选中【图层 3】和【图层 4】，在第 21 帧处插入关键帧，更改舞台中的字母颜色为【橘红色】，然后用相同的方法，在第 22~26 帧处都插入关键帧，将舞台中字母颜色依次改为【紫色】、【棕色】、【绿色】、【红色】、【白色】，如图 7-41 所示。

（11）按下 Ctrl+Enter 快捷键观看动画效果，字母会滚动出现并闪变颜色，如图 7-42 所示。

图 7-41　更改字母颜色

图 7-42　动画效果

7.7　习题

1. 简述 Flash CS6 中帧的类型。

2. Flash 的图层有哪几种类型？各有什么作用？

3. 创建一个逐帧动画，表现效果为一匹奔跑的马。

第8章

制作常用 Flash 动画

学习目标

在 Flash CS6 中，使用时间轴和帧可以制作 Flash 的补间动画，使用不同的图层种类可以制作引导层和遮罩层动画。运用相关知识，还可以制作反向运动动画和多场景动画等。本章主要介绍运用帧和图层，制作常用的 Flash 动画。

本章重点

- 制作形状补间动画
- 制作传统补间动画
- 制作补间动画
- 制作引导层动画
- 制作遮罩层动画
- 制作反向运动动画
- 制作多场景动画

8.1 制作形状补间动画

形状补间动画是一种在制作对象形状变化时经常被使用到的动画形式，其制作原理是通过在两个具有不同形状的关键帧之间指定形状补间，以表现中间变化过程的方法形成动画。

8.1.1 创建形状补间动画

形状补间动画是通过在时间轴的某个帧中绘制一个对象，在另一个帧中修改该对象或重新绘制其他对象，然后由 Flash 计算出两帧之间的差距并插入过渡帧，从而创建出动画的效果。

> **提示**
>
> 要在不同的形状之间形成形状补间动画，对象不可以是元件实例，因此对于图形元件和文字等，必须先将其分离而后才能创建形状补间动画。

【例 8-1】新建一个文档，创建形状补间动画。

(1) 启动 Flash CS6，选择【文件】|【新建】命令，新建一个 Flash 文档，并将舞台背景颜色设置为黑色，如图 8-1 所示。

(2) 选择【文件】|【导入】|【导入到库】命令，打开【导入到库】对话框，选择元件文件，单击【打开】按钮将其导入到库，如图 8-2 所示。

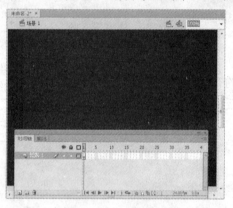

图 8-1　设置背景颜色

图 8-2　导入元件到库

(3) 在时间轴上选中第 1 帧，将【库】面板中的 4 个影片剪辑元件都拖入到舞台中，然后调整合适的位置，使其中心一致，如图 8-3 所示。

(4) 在时间轴上选中第 30 帧，然后选择【插入】|【时间轴】|【关键帧】命令，使第 30 帧成为关键帧，此时 30 帧和第 1 帧的图案保持不变，如图 8-4 所示。

图 8-3　调整元件位置

图 8-4　插入关键帧

（5）用同样的方法，在时间轴上选中第 60 帧、第 90 帧上插入关键帧，然后在第 1 帧、第 30 帧、第 60 帧、第 90 帧上各保持不同的一张图案，如图 8-5 所示。

（6）各自选中第 1 帧、第 30 帧、第 60 帧、第 90 帧上的 4 种图案的影片剪辑元件，然后选择两次(或两次以上)【修改】|【分离】命令，将这 4 个元件分离成填充图形。

（7）右击第 1 帧至 30 帧之间任意一帧，在弹出的菜单中选择【创建补间形状】命令，使第 1~30 帧之间创建形状补间动画，如图 8-6 所示。

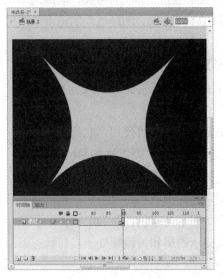
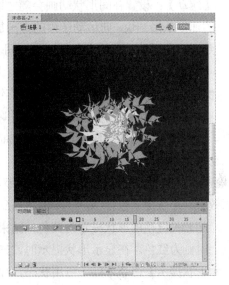

图 8-5　保留不同图案　　　　　　　　　　图 8-6　创建形状补间动画

（8）使用相同的方法，分别在第 30~60 帧、第 60~90 帧之间创建形状补间动画，如图 8-7 所示。

（9）按下 Ctrl+Enter 快捷键即可观看形状补间动画的播放效果，如图 8-8 所示。

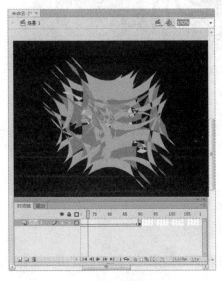

图 8-7　创建形状补间动画　　　　　　　　图 8-8　形状补间动画效果

8.1.2 编辑形状补间动画

当建立了一个形状补间动画后，可以对其进行适当的编辑操作。选中形状补间动画中的某一帧，打开【属性】面板，如图 8-9 所示。

在【属性】面板中，主要参数选项的具体作用如下。

- ● 【缓动】：设置补间形状动画会随之发生相应的变化。数值范围为 1~100，动画运动的速度从慢到快，向运动结束的方向加速度补间；在 1~100 间，动画运动的速度从快到慢，向运动结束的方向减速度补间。默认情况下，补间帧之间的变化速率不变。
- ● 【混合】：单击该按钮，在下拉列表中选择【角形】选项，在创建的动画中间形状会保留有明显的角和直线，适合于具有锐化转角和直线的混合形状；选择【分布式】选项，创建的动画中间形状比较平滑和不规则。

此外，在创建补间形状动画时，如果要控制较为复杂的形状变化，可使用形状提示。选择形状补间动画起始帧，选择【修改】|【形状】|【添加形状提示】命令，即可添加形状提示。

形状提示会标识起始形状和结束形状中相对应的点，以控制形状的变化，从而达到更加精确的动画效果。形状提示包含 26 个字母(从 a 到 z)，用于识别起始形状和结束形状中相对应的点。其中，起始关键帧的形状提示为黄色，结束关键帧的形状提示为绿色，而当形状提示不在一条曲线上时则为红色。在显示形状提示时，只有包含形状提示的层和关键帧处于当前状态下时，【显示形状提示】命令才处于可用状态，如图 8-10 所示。

图 8-9 【属性】面板

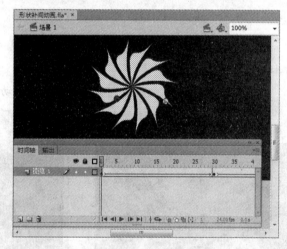

图 8-10 使用形状提示

8.2 制作传统补间动画

当需要在动画中展示移动位置、改变大小、旋转、改变色彩等效果时，就可以使用传统补间动画。

⑧.2.1　创建传统补间动画

在传统补间动画中要改变组或文字的颜色，必须将其变换为元件；而要使文本块中的每个字符分别动起来，则必须将其分离为单个字符。

【例 8-2】新建一个文档，创建传统补间动画。

(1) 启动 Flash CS6，选择【文件】|【新建】命令，新建一个 Flash 文档。

(2) 选择【文件】|【导入】|【导入到舞台】命令，打开【导入】对话框，选择名为"背景"的图片文件，单击【打开】按钮将其导入到舞台，如图 8-11 所示。

(3) 在【时间轴】面板上单击【新建图层】按钮，新建【图层 2】图层，如图 8-12 所示。

图 8-11　【导入】对话框

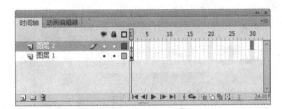

图 8-12　新建图层

(4) 选择【文件】|【导入】|【导入到舞台】命令，打开【导入】对话框，选择名为"鸭子"的图片文件，单击【打开】按钮将其导入到舞台，如图 8-13 所示。

(5) 分别调整【背景】和【鸭子】图案的大小和位置，如图 8-14 所示。

图 8-13　【导入】对话框

图 8-14　调整图片

(6) 选中【图层 2】第 1 帧中的【鸭子】图案，选择【修改】|【转换为元件】命令，打开【转换为元件】对话框，将其设置为影片剪辑元件，如图 8-15 所示。

(7) 分别选中【图层 1】和【图层 2】的第 30 帧，插入关键帧，如图 8-16 所示。

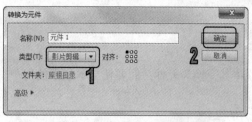

图 8-15 【转换为元件】对话框

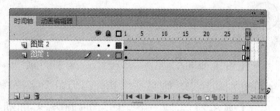

图 8-16 插入关键帧

(8) 选中【图层 2】的第 30 帧的鸭子影片剪辑实例，将其移动到背景图的右侧，并调整其大小，如图 8-17 所示。

(9) 选中【图层 2】1~30 帧中任意 1 帧右击，在弹出的快捷菜单中选择【创建传统补间动画】命令。此时，在【时间轴】面板上，开始关键帧和结束关键帧之间，将出现一个黑色箭头和一段淡紫色背景，如图 8-18 所示。

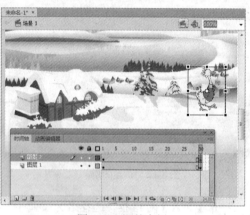

图 8-17 调整实例

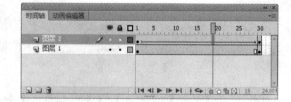

图 8-18 创建传统补间动画

(10) 按下 Ctrl+Enter 键，测试传统补间动画，即可看到元件在移动的同时并逐渐缩小的动画效果，如图 8-19 所示。

(11) 选择【文件】|【保存】命令，打开【另存为】对话框，将其命名为"传统补间动画"加以保存，如图 8-20 所示。

图 8-19 测试动画效果

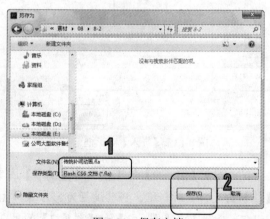

图 8-20 保存文档

8.2.2 编辑传统补间动画

在设置了传统补间动画之后，可以通过【属性】面板，对传统补间动画进一步加工编辑。选中传统补间动画的任意一帧，打开【属性】面板，如图 8-21 所示。

图 8-21 【属性】面板

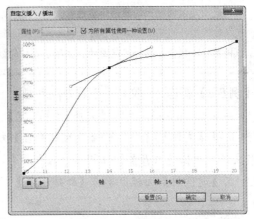

图 8-22 【自定义缓入/缓出】对话框

在该面板中各选项的具体作用如下。

- 【缓动】：可以设置补间动画的缓动速度。如果该文本框中的值为正，则动画越来越慢；如果为负，则越来越快。如果单击右边的【编辑缓动】按钮 ，将会打开【自定义缓入/缓出】对话框，在该对话框中用户可以调整缓入和缓出的变化速率，以此调节缓动速度，如图 8-22 所示。
- 【旋转】：单击该按钮，在下拉列表中可以选择对象在运动的同时产生旋转效果，在后面的文本框中可以设置旋转的次数。
- 【调整到路径】：选择该复选框，可以使动画元素沿路径改变方向。
- 【同步】：选中该复选框，可以对实例进行同步校准。
- 【贴紧】：选中该复选框，可以将对象自动对齐到路径上。
- 【缩放】：选中该复选框，可以将对象进行大小缩放。

8.3 制作补间动画

补间动画是 Flash CS6 中的一种动画类型，它允许用户通过鼠标拖动舞台上的对象来创建。

8.3.1 创建补间动画

补间动画是通过一个帧中的对象属性指定一个值，然后为另一个帧中相同属性的对象指定另一个值而创建的动画。由 Flash CS6 自动计算这两个帧之间该属性的值。

补间动画主要以元件对象为核心，一切的补间动作都是基于元件。首先创建元件，然后将元件放到起始关键帧中。然后右击第1帧，在弹出的快捷菜单中选择【创建补间动画】命令，此时，Flash 将创建补间范围。

📖 **知识点**

补间范围是时间轴上的显示为蓝色背景的一组帧，其舞台上的对象一个或多个属性可以随着时间来改变。可以对这些补间范围作为单个对象来选择，在每个补间范围中只能对一个目标对象进行动画处理。如果对象仅停留在1帧中，则补间范围的长度等于每秒的帧数。

【例 8-3】新建一个文档，创建补间动画。

(1) 启动 Flash CS6，选择【文件】|【新建】命令，新建一个 Flash 文档。

(2) 选择【文件】|【导入】|【导入到舞台】命令，打开【导入】对话框，选择名为"背景"的图片文件，单击【打开】按钮将其导入到舞台，如图 8-23 所示。

(3) 在【时间轴】面板上单击【新建图层】按钮，新建【图层 2】图层，如图 8-24 所示。

图 8-23 【导入】对话框

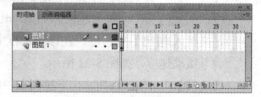

图 8-24 新建图层

(4) 选择【文件】|【导入】|【导入到舞台】命令，打开【导入】对话框，选择名为"小鸟"的图片文件，单击【打开】按钮将其导入到舞台，如图 8-25 所示。

(5) 选中【小鸟】图形，选择【修改】|【转换为元件】命令，打开【转换为元件】对话框，【类型】选择为【影片剪辑】元件，然后单击【确定】按钮，如图 8-26 所示。

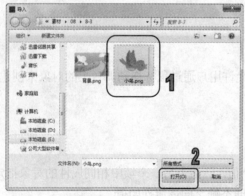

图 8-25 【导入】对话框

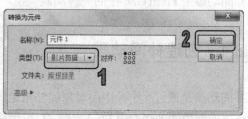

图 8-26 【转换为元件】对话框

(6) 右击【图层 2】图层的第 1 帧，在弹出的快捷菜单中选择【创建补间动画】命令，如图 8-27 所示。

(7) 此时从第 1~24 帧之间形成了补间范围，选中第 24 帧，右击，在弹出的快捷菜单中选择【插入关键帧】|【位置】命令，如图 8-28 所示。

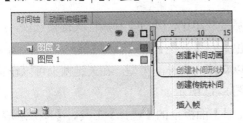

图 8-27 选择【创建补间动画】命令

图 8-28 选择【插入关键帧】|【位置】命令

(8) 此时，会在第 24 帧内插入一个标记为菱形的属性关键帧，将【小鸟】实例移动到左侧，舞台上会显示动画的运动路径，如图 8-29 所示。

(9) 右击【图层 1】图层第 24 帧处，在弹出的快捷菜单中选择【插入关键帧】命令，如图 8-30 所示。

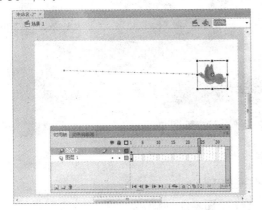

图 8-29 显示运动路径

图 8-30 选择【插入关键帧】命令

(10) 此时，补间动画制作完成，按下 Ctrl+Enter 键即可观看补间动画效果，如图 8-31 所示。

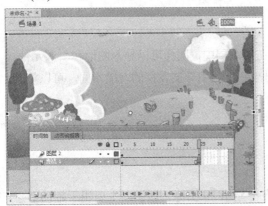

图 8-31 制作补间动画并测试效果

8.3.2 编辑补间动画

在补间动画的补间范围内，用户可以为动画定义一个或多个属性关键帧，而每个属性关键帧可以设置不同的属性。

右击补间动画的帧，选择【插入关键帧】命令后的菜单中，共有 7 种属性关键帧选项，即【位置】、【缩放】、【倾斜】、【旋转】、【颜色】、【滤镜】和【全部】选项。其中前 6 种针对 6 种补间动作类型，而第 7 种【全部】则可以支持所有补间类型。在关键帧上可以设置不同的属性值，打开其【属性】面板进行设置，如图 8-32 所示。

此外，在补间动画上的运动路径，可以使用【工具】面板上的【选择】工具、【部分选取】工具、【任意变形】工具、【钢笔】工具等工具选择运动路径，然后进行设置调整，这样可以编辑运动路径，改变补间动画移动的变化，如图 8-33 所示。

图 8-32　设置补间动画属性

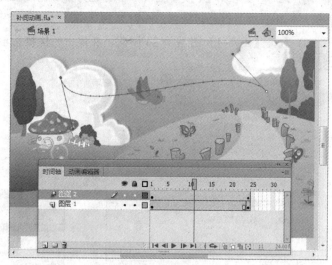

图 8-33　调整运动路径

8.4 制作引导层动画

在 Flash CS6 中，引导层是一种特殊的图层。在该图层中，同样可以导入图形和引入元件，但是最终发布动画时引导层中的对象不会被显示出来。按照引导层发挥的功能不同，可以将其分为普通引导层和传统运动引导层两种类型。

8.4.1 创建普通引导层

普通引导层在【时间轴】面板的图层名称前方会显示 ✎ 图标。该图层主要用于辅助静态对象定位，并且可以不使用被引导层而单独使用。

创建普通引导层的方法与创建普通图层方法相似，右击要创建普通引导层的图层，在弹出的菜单中选择【引导层】命令，即可创建普通引导层，如图 8-34 所示。

图 8-34　选择【引导层】命令

⑧.4.2　创建传统运动引导层

传统运动引导层在时间轴上以 按钮表示，该图层主要用于绘制对象的运动路径，可以将图层链接到同一个运动引导层中，使图层中的对象沿引导层中的路径运动。此时，该图层将位于运动引导层下方并成为被引导层。

右击要创建传统运动引导层的图层，在弹出的菜单中选择【添加传统运动引导层】命令，即可创建传统运动引导层，而该引导层下方的图层会转换为被引导层，如图 8-35 所示。

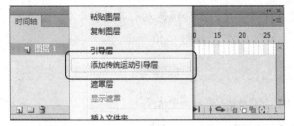

图 8-35　选择【添加传统运动引导层】命令

【例 8-4】新建一个文档，使用传统运动引导层制作飞机飞行的效果。

(1) 启动 Flash CS6，选择【文件】|【新建】命令，新建一个 Flash 文档。

(2) 在【时间轴】面板上选中【图层 1】的第 1 帧，然后选择【文件】|【导入】|【导入到舞台】命令，打开【导入】对话框，选择【海滩】位图文件，单击【打开】按钮将其导入到舞台中，如图 8-36 所示。

(3) 在【时间轴】面板上单击【新建图层】按钮，插入【图层 2】，然后选择【文件】|【导入】|【导入到舞台】命令，将【飞机】位图文件导入舞台，如图 8-37 所示。

(4) 选中【飞机】位图，选择【修改】|【转换为元件】命令，打开【转换为元件】对话框，将其修改为影片剪辑元件，如图 8-38 所示。

(5) 选中【图层 2】和【图层 1】，按 F5 键直至添加到 60 帧。选中【图层 2】图层，在第 60 帧处插入关键帧，然后在 1~60 帧之间右击，在弹出的菜单中选择【创建传统补间】命令，在【图层 2】图层上创建传统补间动画，如图 8-39 所示。

图 8-36　【导入】对话框

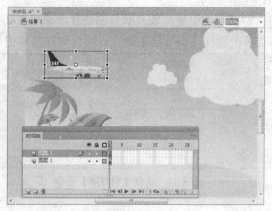

图 8-37　新建图层

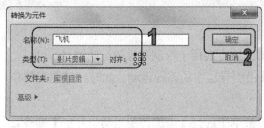

图 8-38　【转换为元件】对话框

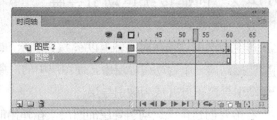

图 8-39　创建传统补间动画

(6) 右击【图层 2】图层，在弹出的快捷菜单中选择【添加传统运动引导层】命令，在【图层 2】图层上添加一个引导层，并把引导层也添加到 60 帧，如图 8-40 所示。

提示

引导层需要在制作传统补间动画之后制作，并且只能在传统补间动画中使用。

(7) 选中引导层第 1 帧，用【铅笔】工具描绘一条运动轨迹线，如图 8-41 所示。

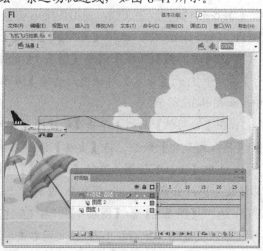

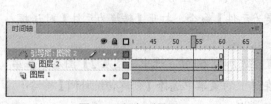

图 8-40　添加引导层

图 8-41　描绘运动轨迹线

(8) 选中【图层2】第1帧和第60帧，选中【飞机】元件，将其紧贴在引导线的两个端点上，如图 8-42 所示。

(9) 按 Ctrl+Enter 键，测试飞机飞行动画效果，如图 8-43 所示。

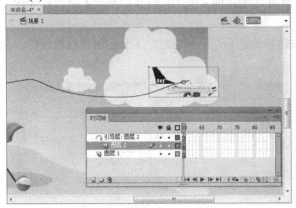

图 8-42　将元件紧贴在引导线上　　　　　　　图 8-43　测试动画效果

8.5 制作遮罩层动画

　　使用 Flash CS6 的遮罩层可以制作更加复杂的动画，在动画中只需要设置一个遮罩层，就能遮掩一些对象，可以制作出多种动画效果。

8.5.1 遮罩层动画原理

　　Flash 中的遮罩层是制作动画时非常有用的一种特殊图层，它的作用就是可以通过遮罩层内的图形看到被遮罩层中的内容，利用该原理，用户可以使用遮罩层制作出多种复杂的动画效果。

　　在遮罩层中，与遮罩层相关联的图层中的实心对象将被视作一个透明的区域，透过这个区域可以看到遮罩层下面一层的内容；而与遮罩层没有关联的图层，则不会被看到。

　　其中，遮罩层中的实心对象可以是填充的形状、文字对象、图形元件的实例或影片剪辑等，但是，线条不能作为与遮罩层相关联的图层中实心对象。用户还可以创建遮罩层动态效果。对于用作遮罩的填充形状，可以使用补间形状；对于对象、图形实例或影片剪辑，可以使用补间动画。当使用影片剪辑实例作为遮罩时，可以使遮罩沿着运动路径运动。

8.5.2 创建遮罩层动画

　　了解了遮罩层的原理后，可以创建遮罩层，此外，还可以对遮罩层进行适当的编辑操作。

1. 创建遮罩层

在 Flash CS6 中没有专门的按钮来创建遮罩层，所有的遮罩层都是由普通层转换过来的。要将普通层转换为遮罩层，可以右击该图层，在弹出的快捷菜单中选择【遮罩层】命令，如图 8-44 所示。

此时该图层的图标会变为 ，表明它已被转换为遮罩层；而紧贴它下面的图层将自动转换为被遮罩层，图标为 ，如图 8-45 所示。

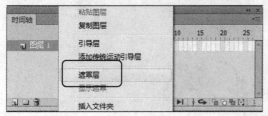

图 8-44　选择【遮罩层】命令

图 8-45　遮罩层和被遮罩层

 提示

　一个遮罩层只能包含一个遮罩项目，按钮内部不能有遮罩层，也不能将一个遮罩应用于另一个遮罩。

2. 编辑遮罩层

创建遮罩层后，通常遮罩层下方的一个图层会自动设置为被遮罩图层。若要创建遮罩层与普通图层的关联，使遮罩层能够同时遮罩多个图层，可以通过下列方法来实现。

- ⦿　在时间轴上的【图层】面板中，将现有的图层直接拖到遮罩层下面。
- ⦿　在遮罩层的下方创建新的图层。
- ⦿　选择【修改】|【时间轴】|【图层属性】命令，打开【图层属性】对话框，在【类型】选项区域中选中【被遮罩】单选按钮即可。

 提示

　仅当某一图层上方存在遮罩层时，【图层属性】对话框中的【被遮罩】单选按钮才处于可选状态。

【例 8-5】新建一个文档，使用遮罩层制作卷轴动画。

(1) 启动 Flash CS6，选择【文件】|【新建】命令，新建一个 Flash 文档。

(2) 打开其【文档属性】面板，设置【尺寸】为 230×446 像素，【帧频】为 10fps，然后选择【文件】|【导入】|【导入到舞台】命令，将一张名为"纸"的位图导入到舞台中，如图 8-46 所示。

(3) 新建图层，选择【文件】|【导入】|【导入到舞台】命令，将一张名为"虎"的位图导入到舞台上，使用工具调整在舞台上的位置和大小，如图 8-47 所示。

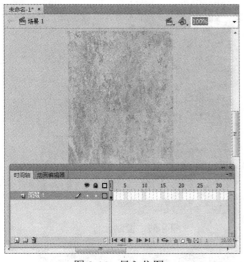

图 8-46 导入位图　　　　　　　　　　　图 8-47 新建图层并导入位图

(4) 分别将两个图层命名为【画】和【背景】图层，在【画】图层内选择【矩形】工具绘制白色矩形，处于画的下方，作为画的边框，如图 8-48 所示。

(5) 选择画和矩形，选择【修改】|【转换为元件】命令，打开【转换为元件】对话框，将其转换为图形元件，如图 8-49 所示。

图 8-48 绘制矩形　　　　　　　　　　　图 8-49 【转换为元件】对话框

(6) 新建【画轴 1】图层，使用相同的方法，将名为"画轴"的元件导入到舞台中，并拖动到画的顶端，如图 8-50 所示。

(7) 新建【画轴 2】图层，复制画轴元件，并拖到画的底端，如图 8-51 所示。

(8) 在所有图层的第 50 帧处插入关键帧，右击【画轴 2】图层中的任意 1 帧，在弹出的快捷菜单中选择【创建传统补间】命令，创建传统补间动画，如图 8-52 所示。

(9) 在【画】图层上新建图层，然后将其转换为【遮罩层】并以此为名，在【遮罩层】图层中第 50 帧处两个画轴之间绘制一个矩形，填充色为绿色，如图 8-53 所示。

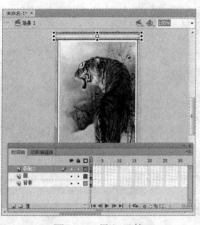

图 8-50　导入元件

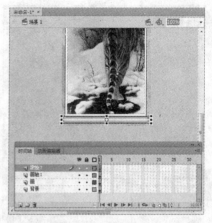

图 8-51　复制元件

图 8-52　创建传统补间动画

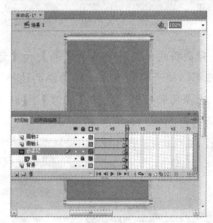

图 8-53　创建遮罩层

(10) 选择【遮罩层】图层中的第 1 帧，将矩形缩小到和画轴一样的高度并紧贴上方的画轴，如图 8-54 所示。

(11) 选择【画轴 2】图层中的第 1 帧，将画轴实例移动到顶端画轴的下方紧贴，如图 8-55 所示。

图 8-54　缩小矩形

图 8-55　移动画轴实例

(12) 右击【遮罩层】图层中的任意 1 帧，在弹出的菜单中选择【创建补间形状】命令，创建补间形状动画，如图 8-56 所示。

(13) 锁定【遮罩层】图层和【画】图层，按 Ctrl+Enter 快捷键，测试卷轴动画效果，如图 8-57 所示。

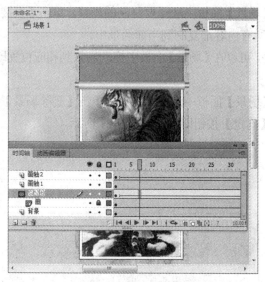

图 8-56　创建补间形状动画

图 8-57　测试动画效果

8.6　制作多场景动画

在 Flash CS6 中，除了默认的单场景动画以外，用户还可以应用多个场景来编辑动画，如动画风格转换时就可以使用多个场景。Flash 默认只使用一个场景(场景1)来组织动画，用户可以自行添加多个场景来丰富动画，每个场景都有自己的主时间轴，在其中制作动画的方法也一样。

场景的创建和编辑操作主要有如下几点。

◉　添加场景：要创建新场景，可以选择【窗口】|【其他面板】|【场景】命令，在打开的【场景】面板中单击【添加场景】按钮，即可添加【场景 2】，如图 8-58 所示。

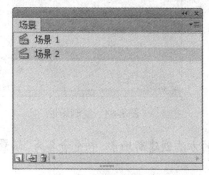

图 8-58　单击【添加场景】按钮

图 8-59　更改场景名称

计算机基础与实训教材系列

- 切换场景：要切换多个场景，可以单击【场景】面板中要进入的场景，或者单击舞台右上方的【编辑场景】按钮，选择下拉列表选项。
- 更改场景名称：要重命名场景，可以双击【场景】面板中要改名的场景，使其变为可编辑状态，输入新名称即可，如图8-59所示。
- 复制场景：要复制场景，可以在【场景】面板中选择要复制的场景，单击【直接复制场景】按钮，即可将原场景中所有内容都复制到当前场景中。
- 排序场景：要更改场景的播放顺序，可以在【场景】面板中拖动场景到相应位置即可，如图8-60所示。
- 删除场景：要删除场景，可以在【场景】面板中选中某场景，单击【删除场景】按钮，在弹出的提示对话框中单击【确定】按钮即可，如图8-61所示。

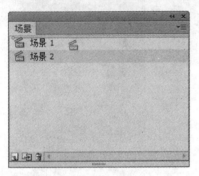

图 8-60 排序场景

图 8-61 删除场景

【例8-6】打开【例8-4】的【飞机飞行效果】文档，创建多场景动画。

(1) 启动Flash CS6，打开【例8-4】制作的【飞机飞行效果】文档，如图8-62所示。

(2) 选择【窗口】|【其他面板】|【场景】命令，打开【场景】面板，单击其中的【复制场景】按钮，出现【场景1 复制】场景选项，如图8-63所示。

图 8-62 打开文档

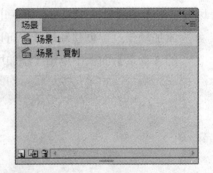

图 8-63 复制场景

(3) 双击该场景，输入新名称"场景 2"。用相同的方法创建新场景，并重命名为"场景 3"，如图8-64所示。

(4) 选择【文件】|【导入】|【导入到库】命令，打开【导入到库】对话框，选择两张位图文件导入到库，如图8-65所示。

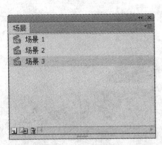

图 8-64 重命名场景

图 8-65 【导入到库】对话框

(5) 选择【场景3】中的背景图形，打开其【属性】面板，单击【交换】按钮，如图8-66所示。

(6) 打开【交换位图】对话框，选择【城堡】图片文件，单击【确定】按钮，此时【场景3】背景图改变成【城堡】图片，如图8-67所示。

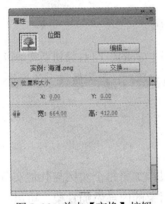

图 8-66 单击【交换】按钮

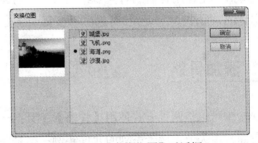

图 8-67 【交换位图】对话框

(7) 在【场景】面板上选中【场景2】，使用相同的方法，在【交换位图】对话框中选择【沙漠】图形文件，单击【确定】按钮，此时【场景2】也改变了背景图形，如图8-68所示。

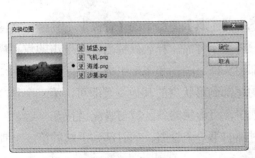

图 8-68 更改【场景2】背景

计算机 基础与实训教材系列

(8) 打开【场景】面板，将【场景3】和【场景2】拖动到【场景1】之上，使3个场景的排序以【场景3】、【场景2】、【场景1】的顺序来排列，如图 8-69 所示。

(9) 按 Ctrl+Enter 快捷键，测试动画效果，如图 8-70 所示。

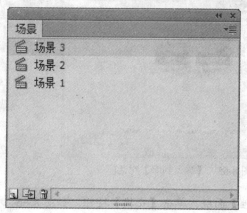

图 8-69　排序场景

图 8-70　测试动画效果

⑧.7　制作反向运动动画

反向运动(IK)是使用骨骼的有关节结构对一个对象或彼此相关的一组对象进行动画处理的方法。使用骨骼，元件实例和形状对象可以按复杂而自然的方式移动，只需做很少的设计工作。

⑧.7.1　添加骨骼

在 Flash 中可以按两种方式使用【骨骼】工具：一是通过添加将每个实例与其他实例连接在一起的骨骼，用关节连接一系列的元件实例；二是向形状对象的内部添加骨架，可以在合并绘制模式或对象绘制模式中创建形状。在添加骨骼时，Flash 可以自动创建与对象关联的骨架移动到时间轴中的姿势图层。此新图层称为骨架图层。每个骨架图层只能包含一个骨架及其关联的实例或形状。

1. 形状上添加骨骼

在舞台中绘制一个图形，选中该图形，选择【工具】面板中的【骨骼】工具 ，在图形中单击并拖动到形状内的其他位置。在拖动时，将显示骨骼。释放鼠标后，在单击的点和释放鼠标的点之间将显示一个实心骨骼。每个骨骼都由头部、圆端和尾部组成，如图 8-71 所示。

要添加其他骨骼，可以拖动第一个骨骼的尾部到形状内的其他位置即可，第二个骨骼将成为根骨骼的子级。按照要创建的父子关系的顺序，将形状的各区域与骨骼链接在一起。例如，如果要向手臂形状添加骨骼，添加从肩部到肘部的第一个骨骼、从肘部到手腕的第二个骨骼和从手腕到手部的第三个骨骼。

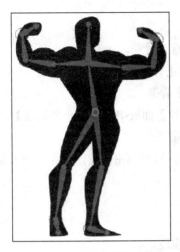

图 8-71 形状上添加骨骼

2. 元件上添加骨骼

通过【骨骼】工具可以向影片剪辑、图形和按钮元件实例添加 IK 骨骼, 将元件和元件链接在一起, 共同完成一套动作。

在舞台中有一个由多个元件组成的对象, 选择【骨骼】工具 , 单击要成为骨架的元件的头部或根部, 然后拖动到另一个元件实例, 将两个元件链接在一起。如果要添加其他骨骼, 使用【骨骼】工具从第一个骨骼的根部拖动到下一个元件实例即可, 如图 8-72 所示。

图 8-72 元件上添加骨骼

8.7.2 编辑骨骼

创建骨骼后, 可以使用多种方法编辑骨骼。例如, 重新定位骨骼及其关联的对象, 在对象内移动骨骼, 更改骨骼的长度, 删除骨骼, 以及编辑包含骨骼的对象。

提示

　　该形状变为骨骼形状后, 就无法再添加新笔触, 但仍可以向形状的现有笔触添加控制点或从中删除控制点。

1. 选择骨骼

要编辑骨骼，首先要选择骨骼，可以通过以下方法选择骨骼。

◉ 要选择单个骨骼，可以选择【选择】工具，单击骨骼即可。

◉ 按住 Shift 键，可以单击选择同个骨骼中的多个骨架。

◉ 要将所选内容移动到相邻骨骼，可以单击【属性】面板中的【上一个同级】、【下一个同级】、【父级】或【子级】按钮 。

◉ 要选择整个骨架并显示骨架的属性和骨架图层，可以单击骨骼图层中包含骨架的帧。

◉ 要选择骨骼形状，单击该形状即可。

2. 重新定位骨骼

添加的骨骼还可以重新定位，主要由以下方式可以实现。

◉ 要重新定位骨架的某个分支，可以拖动该分支中的任何骨骼。该分支中的所有骨骼都将移动，骨架的其他分支中的骨骼不会移动。

◉ 要将某个骨骼与子级骨骼一起旋转而不移动父级骨骼，可以按住 Shift 键拖动该骨骼。

◉ 要将某个骨骼形状移动到舞台上的新位置，请在属性检查器中选择该形状并更改 X 和 Y 属性。

3. 删除骨骼

删除骨骼可以删除单个骨骼和所有骨骼，可以通过以下方式实现。

◉ 要删除单个骨骼及所有子级骨架，可以选中该骨骼，按下 Delete 键即可。

◉ 要从某个骨骼形状或元件骨架中删除所有骨骼，可以选择该形状或该骨架中的任何元件实例，选择【修改】|【分离】命令，分离为图形即可删除整个骨骼。

4. 移动骨骼

移动骨骼操作可以移动骨骼的任一端位置，并且可以调整骨骼的长度，具体方式如下。

◉ 要移动骨骼形状内骨骼任一端的位置，可以选择【部分选取】工具，拖动骨骼的一端即可。

◉ 要移动元件实例内骨骼连接、头部或尾部的位置，打开【变形】面板，移动实例的变形点，骨骼将随变形点移动。

◉ 要移动单个元件实例而不移动任何其他链接的实例，可以按住 Alt 键，拖动该实例，或使用任意变形工具拖动它。连接到实例的骨骼会自动调整长度，以适应实例的新位置。

5. 编辑骨骼形状

用【部分选取】工具，可以在骨骼形状中添加、删除和编辑轮廓的控制点，改变骨骼的形状，具体方法如下。

◉ 要移动骨骼的位置而不更改骨骼形状，可以拖动骨骼的端点。

◉ 要显示骨骼形状边界的控制点，单击形状的笔触即可。

⊙ 要移动控制点，直接拖动该控制点即可。

⊙ 要添加新的控制点，单击笔触上没有任何控制点的部分即可，也可以选择【添加锚点】
工具，来添加新控制点。

⊙ 要删除现有的控制点，选中控制点，按下 Delete 键即可，可以选择【删除锚点】工
具，来删除控制点。

⑧.7.3　创建反向运动动画

创建反向运动动画的方式与 Flash 中的其他对象不同。对于骨架，只需向骨架图层中添加
帧并在舞台上重新定位骨架即可创建关键帧。骨架图层中的关键帧称为姿势，每个姿势图层都
自动充当补间图层。

 提示

要在时间轴中对骨架进行动画处理，可以右击骨架图层中要插入姿势的帧，在弹出的快捷菜单中选择
【插入姿势】命令，插入姿势，然后使用选取工具，更改骨架的配置。Flash 会自动在姿势之间的帧中插
入骨骼。如果要在时间轴中更改动画的长度，直接拖动骨骼图层中末尾的姿势即可。

【例 8-7】新建一个文档，创建反向运动动画。

(1) 启动 Flash CS6，选择【文件】|【新建】命令，新建一个 Flash 文档，打开【文档设置】
对话框，设置舞台【尺寸】为 650×525 像素，然后选择【导入】|【导入到舞台】命令，将名
为 "背景" 的图片文件导入到舞台并调整其位置，如图 8-73 所示。

(2) 新建【女孩】影片剪辑元件，选择【文件】|【导入】|【打开外部库】命令，打开【女
孩素材】文件，将外部库中的女孩图形的组成部分的影片剪辑元件，拖入到舞台中，如图 8-74
所示。

图 8-73　导入图片

图 8-74　从外部库导入元件

计算机　基础与实训教材系列

(3) 使用【骨骼】工具，在多个躯干实例之间添加骨骼，并调整骨骼之间的旋转角度，如图 8-75 所示。

(4) 选择图层的第 40 帧，选择【插入普通帧】命令，然后在第 10 帧处右击，选择【插入姿势】命令，并调整骨骼的姿势，如图 8-76 所示。

图 8-75　添加骨骼

图 8-76　插入姿势

(5) 使用相同的方法，在第 20 帧和第 30 帧处分别插入姿势，调整骨骼旋转角度，然后在第 40 帧处复制第 1 帧处的姿势，如图 8-77 所示。

(6) 返回【场景 1】，新建【图层 2】，将【元件 1】影片剪辑拖入到舞台的右侧，如图 8-78 所示。

图 8-77　继续插入姿势

图 8-78　拖入影片剪辑元件

(7) 选择【图层 2】第 200 帧插入关键帧，将该影片剪辑移动到舞台左侧，并添加传统补间动画，然后在【图层 1】增添关键帧，使背景图和女孩图形都显示，如图 8-79 所示。

(8) 按 Ctrl+Enter 键，测试反向运动动画效果，如图 8-80 所示。

图 8-79 添加传统补间动画

图 8-80 测试动画效果

8.8 上机练习

本章的上机实验主要练习制作风车动画，使用户更好地掌握 Flash CS6 的创建补间动画等操作，以及使用元件和图层的相关操作内容。

(1) 启动 Flash CS6，选择【新建】|【文档】命令，新建一个文档。

(2) 选择【文件】|【导入】|【导入到舞台】命令，打开【导入】对话框，将名为"风车底座"的文档导入到舞台中，如图 8-81 所示。

(3) 添加新图层，将名为"风车扇叶"的文档导入到舞台中，如图 8-82 所示。

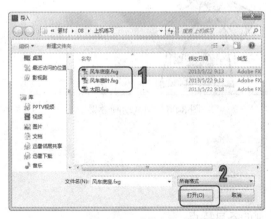

图 8-81 【导入】对话框

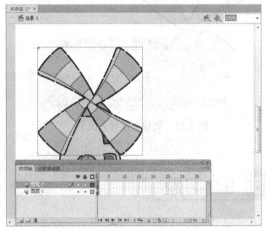

图 8-82 新建图层

(4) 双击【风车扇叶】实例进入元件编辑模式，在第 15 帧处插入关键帧，在第 1~15 帧内创建传统补间动画，如图 8-83 所示。

(5) 选中第 1~14 帧内的任意 1 帧，打开其【属性】面板，在【补间】选项卡的【旋转】下拉列表中选择【顺时针】选项，如图 8-84 所示。

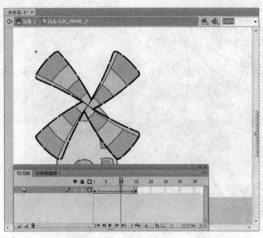

图 8-83　创建传统补间动画

图 8-84　调整【旋转】属性

（6）返回【场景 1】，继续新建图层，然后导入【太阳】文件到舞台中，如图 8-85 所示。

（7）使用前面的方法，编辑【太阳】元件，使其也顺时针旋转。最后，按 Ctrl+Enter 键，测试动画效果，如图 8-86 所示。

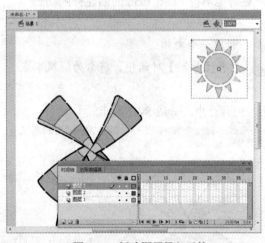

图 8-85　新建图层导入元件

图 8-86　测试动画效果

⑧.9　习题

1．简述补间动画、形状补间动画和传统补间动画的各自特点。

2．利用引导层，制作小鸟飞翔的动画。

3．利用遮罩层，制作百叶窗效果的动画。

第9章

制作 ActionScript 动画

学习目标

ActionScript 是 Flash 的动作脚本语言，在 Flash 中使用动作脚本语言可以与 Flash 后台数据库进行交流，结合庞大的数据库系统和脚本语言，从而可以制作出交互性强、动画效果更加绚丽的 Flash 动画。本章主要介绍 ActionScript 基础知识及其交互式动画的应用。

本章重点

- ◉ ActionScript 常用术语
- ◉ ActionScript 函数、常量和变量
- ◉ ActionScript 常用语句
- ◉ 添加代码
- ◉ 处理对象

9.1 认识 ActionScript 语言

ActionScript 是 Flash 与程序进行通信的方式。可以通过输入代码，让系统自动执行相应的任务，并询问在影片运行时发生的情况。这种双向的通信方式，可以创建具有交互功能的影片，也使得 Flash 能优于其他动画制作软件。它是通过 Flash Player 中的 ActionScript 虚拟机(AVM)来执行的。

9.1.1 认识【动作】面板

ActionScript 语言是 Flash 提供的一种动作脚本语言。在 ActionScript 动作脚本中包含了动作、运算符以及对象等元素，可以将这些元素组织到动作脚本中，然后指定要执行的操作。使用 ActionScript 语言，能更好地控制动画元件，提高动画的交互性。

在 Flash CS6 中，要进行动作脚本设置，首先选中关键帧，然后选择【窗口】|【动作】命令，打开【动作】面板。该面板主要由工具栏、脚本语言编辑区域、动作工具箱和对象窗口组成，如图 9-1 所示。

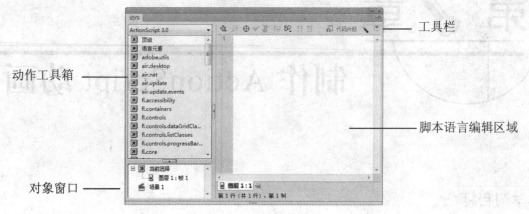

图 9-1　【动作】面板

1. 工具栏

工具栏位于脚本语言编辑区域上方，有关工具栏中主要按钮的具体作用如下。

- ● 【将新项目添加到脚本中】按钮 ：单击该按钮，在弹出的菜单中可以选择相应的动作语句并添加到脚本语言编辑区域中。该按钮中包含的动作语句与【动作】工具箱中的命令完全相同。
- ● 【查找】按钮 ：单击该按钮，打开【查找和替换】对话框，在【查找内容】文本框中可以输入要查找的内容，在【替换为】文本框中可以输入要替换的内容，单击【查找下一个】和【替换】按钮，可以进行查找与替换。单击【全部替换】按钮，可以替换脚本中所有与其相符的内容，如图 9-2 所示。
- ● 【插入目标路径】按钮 ：单击该按钮，打开【插入目标路径】对话框，可以选择插入按钮或影片剪辑元件实例的目标路径，如图 9-3 所示。

图 9-2　【查找和替换】对话框

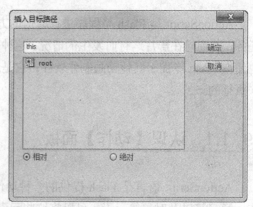

图 9-3　【插入目标路径】对话框

- 【语法检查】按钮 ✔：单击该按钮，可以对输入的动作脚本进行语法检查。如果脚本中存在错误，会打开一个信息提示框，并且在【输出】面板中显示脚本的错误信息。
- 【自动套用格式】按钮 ▤：单击该按钮，自动进行格式排列输入的动作脚本。
- 【显示代码提示】按钮 ▣：单击该按钮，在输入动作脚本时显示代码提示。
- 【调试选项】按钮 ⌘：单击该按钮，在弹出的菜单中选择【设置断点】选项，可以检查动作脚本的语法错误。
- 【脚本助手】按钮 ✎：单击该按钮，可以在打开的面板中显示当前脚本命令的使用说明。
- 【折叠成对大括号】按钮 ⊌，单击该按钮，可以在代码间以大括号收缩。
- 【折叠所选】按钮 ⊟：单击该按钮，可以将选择的代码以大括号收缩。
- 【展开全部】按钮 ⊻：单击该按钮，可以展开所有收缩的代码。

2. 脚本语言编辑区域

在脚本语言编辑区域中，当前对象上所有调用或输入的 ActionScript 语言都会在该区域中显示，是编辑脚本语言的主要区域。

3. 动作工具箱

在动作工具箱中，包含了 Flash 提供的所有 ActionScript 动作命令和相关语法。在该工具箱中，可以选择 ActionScript 脚本语言的运行环境，在列表中选择所需的命令、语法等，双击即可添加到脚本语言编辑区域中，如图 9-4 所示。

4. 对象窗口

在对象窗口中，会显示当前 Flash 文档所有添加过脚本语言的元件，并且在脚本语言编辑区域中会显示添加的动作，如图 9-5 所示。

图 9-4 动作工具箱

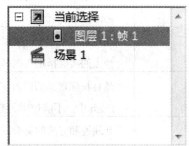

图 9-5 对象窗口

⑨.1.2 ActionScript 常用术语

在学习编写 ActionScript 之前，首先要了解一些 ActionScript 的常用术语。有关 ActionScript 中的常用术语名称和介绍说明如表 9-1 所示。

表 9-1　ActionScript 程序中常用术语

名　称	说　明
动作	是在播放影片时指示影片执行某些任务的语句。例如，使用 gotoAndStop 动作可以将播放头放置到特定的帧或标签
布尔值	是 true 或 false 值
类	是用于定义新类型对象的数据类型。要定义类，需要创建一个构造函数
常数	是不变的元素。例如，常数 Key.TAB 的含义始终不变，它代表键盘上的 Tab 键。常数对于比较值是非常有用的
数据类型	是值和可以对这些值执行的动作的集合，包括字符串、数字、布尔值、对象、影片剪辑、函数、空值和未定义等
事件	是在影片播放时发生的动作。例如，加载影片、播放头进入帧、用户单击按钮或影片剪辑或用户通过键盘输入时可以产生不同的事件
事件处理函数	是管理诸如 mouseDown 或 load 等事件的特殊动作，包括动作和方法两类。但事件处理函数动作包括 on 和 onClipEvent 两个，而每个具有事件处理函数方法的动作脚本对象都有一个名为"事件"的子类别
函数	是可以向其传递参数并能够返回值的可重复使用的代码块。例如，可以向 getProperty 函数传递属性名和影片剪辑的实例名，然后它会返回属性值；使用 getVersion 函数可以得到当前正在播放影片的 Flash Player 版本号
标识符	是用于表明变量、属性、对象、函数或方法的名称。它的第一个字符必须是字母、下划线 (_) 或美元记号 ($)。其后的字符必须是字母、数字、下划线或美元记号。例如，firstName 是变量的名称
实例	是属于某个类的对象。类的每个实例包含该类的所有属性和方法。所有影片剪辑都是具有 MovieClip 类的属性(如 _alpha 和 _visible)和方法(如 gotoAndPlay 和 getURL)的实例
实例名称	是在脚本中用来代表影片剪辑和按钮实例的惟一名称。可以使用属性面板为舞台上的实例指定实例名称
关键字	是有特殊含义的保留字。例如，var 是用于声明本地变量的关键字。但是，在 Flash 中，不能使用关键字作为标识符。例如，var 不是合法的变量名
对象	是属性和方法的集合，每个对象都有自己的名称，并且都是特定类的实例。内置对象是在动作脚本语言中预先定义的。例如，内置对象 Date 可以提供系统时钟信息
运算符	是通过一个或多个值计算新值的术语。运算符处理的值称为操作数
属性	是定义一个对象的属性
变量	是保存任何数据类型的值的标识符。可以创建、更改和更新变量，也可以获得它们存储的值以在脚本中使用

计算机 基础与实训教材系列

9.1.3 ActionScript 行为

行为是 Flash 中预定义的脚本，可以避免编写 ActionScript 语言的快捷途径。它可以附加到 FLA 文件中的对象，不过仅能在 ActionScript 2.0 及更早的版本中使用。

在 Flash CS6 中的行为功能包括有：帧导航、加载外部 SWF 文件和 JPEG 文件、控制影片剪辑的顺序、以及影片剪辑拖动等行为。

 提示 ....

如果用户将行为应用于实例中，可以使用行为堆叠实例顺序，以及加载、卸载、播放、停止、直接复制、或拖动影片剪辑，甚至能链接到 URL 上。此外，还可以使用行为将外部图形或动画遮罩加载到影片剪辑当中。

9.2 ActionScript 语言基础

ActionScript 动作脚本具有语法和标点规则，这些规则可以确定哪些字符和单词能够用来创建含义及编写它们的顺序。在前文中已经介绍了有关 ActionScript 中的常用术语名称和说明。下面将详细介绍 ActionScript 语言的主要组成部分及其作用。

9.2.1 基本语法

ActionScript 语法是 ActionScript 编程中最重要环节之一，ActionScript 的语法相对于其他的一些专业程序语言来说较为简单。ActionScript 动作脚本主要包括语法和标点规则。

1. 点语法

在动作脚本中，点(.)通常用于指向一个对象的某一个属性或方法，或者标识影片剪辑、变量、函数或对象的目标路径。点语法表达式是以对象或影片剪辑的名称开始，后面跟一个点，最后以要指定的元素结束。

例如，MCjxd 实例的 play 方法可在 MCjxds 的时间轴中移动播放头，如下所示：

```
MCjxd.play();
```

 提示 ....

在 ActionScript 中，点(.)不但可以指向一个对象或影片剪辑相关的属性或方法，还可以指向一个影片剪辑或变量的目标路径。

2. 大括号

大括号({ })用于分割代码段，也就是把大括号中的代码分成独立的一块，用户可以把括号中的代码看作是一句表达式。

例如如下代码中，_MC.stop();就是一段独立的代码。

```
On(release) {
_MC.stop();
}
```

3. 小括号

在 AcrtionScript 中，小括号用于定义和调用函数。在定义函数和调用函数时，原函数的参数和传递给函数的各个参数值都用小括号括起来，如果括号里面是空，表示没有任何参数传递。

4. 分号

在 ActionScript 中，分号(;)通常用于结束一段语句。

5. 字母大小写

在 ActionScript 中，除了关键字以外，对于动作脚本的其余部分，是不严格区分大小写的。

 提示 --------------------------------

在编写脚本语言时，对于函数和变量的名称，最好将它首字母大写，以便于在查阅动作脚本代码时会更易于识别它们。由于动作脚本是不区分大小写的，因此在设置变量名时不可以使用与内置动作脚本对象相同的名称。

6. 注释

注释可以向脚本中添加说明，便于对程序的理解，常用于团队合作或向其他人员提供范例信息。

若要添加注释，可以执行下列操作之一。

- 注释某一行内容，在【动作】面板的脚本语言编辑区域中输入符号"//"，然后输入注释内容。
- 注释多行内容，在【动作】面板的专家模式下输入符号"/*"和"*/"符号，然后在两个符号之间输入注释内容。

⑨.2.2　数据类型

数据类型用于描述变量或动作脚本元素可以存储的数据信息。在 Flash 中包括两种数据类型，即原始数据类型和引用数据类型。

知识点

原始数据类型包括字符串、数值型和布尔值，都有一个常数值，因此可以包含它们所代表元素的实际值。引用数据类型是指影片剪辑和对象，值可能发生更改，因此它们包含对该元素实际值的引用。此外，在 Flash 中还包含有两种特殊的数据类型，即空值和未定义。

1. 字符串

字符串是由诸如字母、数字和标点符号等字符组成的序列。在 ActionScript 中，字符串必须在单引号或双引号之间输入，否则将被作为变量进行处理。例如在下面的语句中，"JXD24" 即为一个字符串。

```
favoriteBand = "JXD24";
```

可以使用加法(+)运算符连接或合并两个字符串。在连接或合并字符串时，字符串前面或后面的空格将作为该字符串的一部分被连接或合并。在如下代码中，在 Flash 执行程序时，自动将 Welcome 和 Beijing 两个字符串连接合并为一个字符串。

```
"Welcome, " + "Beijing";
```

提示

虽然动作脚本在引用变量、实例名称和帧标签时是不区分大小写的，但文本字符串却要区分大小写。例如，"chiangxd"和"CHIANGXD"将被认为是两个不同的字符串。在字符串中包含引号，可以在其前面使用反斜杠字符(\)，这称为字符转义。

2. 数值型

数值类型是很常见的数据类型，它包含的都是数字。所有的数值类型都是双精度浮点类，可以用数学算术运算符来获得或者修改变量，如加(+)、减(-)、乘(*)、除(/)、递增(++)、递减(--)等对数值型数据进行处理；也可以使用 Flash 内置的数学函数库，这些函数放置在 Math 对象里。例如，使用 sqrt(平方根)函数，求出 90 的平方根，然后给 number 变量赋值。

```
number=Math.sqrt(90);
```

3. 布尔值

布尔值是 true 或 false 值。动作脚本会在需要时将 true 转换为 1，将 false 转换为 0。布尔值在控制脚本流的动作脚本语句中，经常与逻辑运算符一起使用。例如下面代码中，如果变量 i 值为 flase，转到第 1 帧开始播放影片。

```
if (i == flase) {
gotoAndPlay(1);
}
```

4. 对象

对象是属性的集合，每个属性都包含有名称和值两部分。属性的值可以是 Flash 中的任何数据类型。可以将对象相互包含或进行嵌套。要指定对象和它们的属性，可以使用点(.)运算符。

例如，在下面的代码中，hoursWorked 是 weeklyStats 的属性，而 weeklyStats 又是 employee 的属性。

employee.weeklyStats.hoursWorked

5. 影片剪辑

影片剪辑是对象类型中的一种，它是 Flash 影片中可以播放动画的元件，是惟一引用图形元素的数据类型。

影片剪辑数据类型允许用户使用 MovieClip 对象的方法对影片剪辑元件进行控制。用户可以通过点(.)运算符调用该方法。

6. 空值和未定义

空值数据类型只有一个值即 null，表示没有值，缺少数据，它可以在以下各种情况下使用。
- 表明变量还没有接收到值。
- 表明变量不再包含值。
- 作为函数的返回值，表明函数没有可以返回的值。
- 作为函数的一个参数，表明省略了一个参数。

⑨.2.3 变量

变量是动作脚本中可以变化的量，在动画播放过程中可以更改变量的值，还可以记录和保存用户的操作信息、记录影片播放时更改的值或评估某个条件是否成立等功能。

变量中可以存储诸如数值、字符串、布尔值、对象或影片剪辑等任何类型的数据；也可以存储典型的信息类型，如 URL、用户姓名、数学运算的结果、事件发生的次数或是否单击了某个按钮等。

1. 变量命名

对变量进行命名必须遵循以下规则。
- 必须是标识符，即必须以字母或者下划线开头。例如，JXD24、365games 等都是有效变量名。

- 不能和关键字或动作脚本同名，如 true、false、null 或 undefined 等。
- 在变量的范围内必须是唯一的。

2. 变量赋值

在 Flash 中，当给一个变量赋值时，会同时确定该变量的数据类型。

在编写动作脚本过程中，Flash 会自动将一种类型的数据转换为另一种类型。例如：

```
"one minute is"+60+"seconds"
```

其中 60 属于数值型数据类型，左右两边用运算符号(+)连接的都是字符串数据类型，Flash 会把 60 自动转换为字符，因为运算符号(+)在用于字符串变量时，左右两边的内容都是字符串类型，Flash 会自动转换，该脚本在实际执行的值为"one minute is 60 seconds"。

3. 变量类型

在 Flash 中，主要有 4 种类型的变量。

- 逻辑变量：这种变量是用于判定指定的条件是否成立，即 true 和 false。True 表示条件成立，false 表示条件不成立。
- 数值型变量：用于存储一些特定的数值。
- 字符串变量：用于保存特定的文本内容。
- 对象型变量：存储对象类型数据。

4. 变量声明

要声明时间轴变量，可以使用 set variable 动作或赋值运算符(=)。要声明本地变量，可在函数体内部使用 var 语句。本地变量的使用范围只限于包含该本地变量的代码块，它会随着代码块的结束而结束。没有在代码块中声明的本地变量会在它的脚本结束时结束，例如：

```
function myColor() {
  var i = 2;
}
```

声明全局变量，可在该变量名前面使用_global 标识符。

5. 脚本中使用变量

在脚本中必须先声明变量，然后才能在表达式中使用。如果未声明变量，该变量的值为 undefined，并且脚本将会出错。

例如下面的代码：

```
getURL(WebSite);
WebSite = "http://www.xdchiang.com.cn";
```

在上述代码中，声明变量 WebSite 的语句必须最先出现，这样才能用其值替换 getURL 动作中的变量。

计算机 基础与实训教材系列

9.2.4 常量

常量在程序中是始终保持不变的量，它分为数值型、字符串型和逻辑型。

- ⊙ 数值型常量：由数值表示。例如，"setProperty(yen,_alpha,100);"中，100 就是数值型常量。
- ⊙ 字符串型常量：由若干字符构成的数值，它必须在常量两端引用标号，但并不是所有包含引用标号的内容都是字符串，因为 Flash 会根据上下文的内容来判断一个值是字符串还是数值。
- ⊙ 逻辑型常量：又称为布尔型，表明条件成立与否。如果条件成立，在脚本语言中用 1 或 true 表示；如果条件不成立，则用 0 或 false 表示。

9.2.5 关键字

在 ActionScript 中保留了一些具有特殊用途的单词便于调用，这些单词称为关键字。ActionScript 中常用的关键字主要有以下几种：break、else、Instanceof、typeof、delete、case、for、New、in、var、continue、function、Return、void、this、default、if、Switch、while、with。

在编写脚本时，要注意不能再将它们作为变量、函数或实例名称使用。

9.2.6 函数

在 ActionScript 中，函数是一个动作脚本的代码块，可以在任何位置重复使用，减少代码量，从而提供工作效率，同时也可以减少手动输入代码时引起的错误。在 Flash 中可以直接调用已有的内置函数，也可以创建自定义函数，然后进行调用。

1. 内置函数

内置函数是一种语言在内部集成的函数，它已经完成了定义的过程。当需要传递参数调用时，可以直接使用。它可用于访问特定的信息以及执行特定的任务。例如，获取播放影片的 Flash Player 版本号(getVersion())。

2. 自定义函数

可以把执行自定义功能一系列语句定义为一个函数。自定义的函数同样可以返回值、传递参数，也可以任意调用它。

提示

函数跟变量一样，附加在定义它们的影片剪辑的时间轴上。必须使用目标路径才能调用它们。此外，也可以使用 _global 标识符声明一个全局函数，全局函数可以在所有时间轴中被调用，而且不必使用目标路径。这和变量很相似。

要定义全局函数，可以在函数名称前面加上标识符 _global，例如：

```
_global.myFunction = function (x) {
    return (x*2)+3;
}
```

要定义时间轴函数，可以使用 function 动作，后接函数名、传递给该函数的参数，以及指示该函数功能的 ActionScript 语句。例如，以下语句定义了函数 areaOfCircle，其参数为 radius。

```
function areaOfCircle(radius) {
    return Math.PI * radius * radius;
}
```

3. 向函数传递参数

参数是指某些函数执行其代码时所需要的元素。例如，以下函数使用了参数 initials 和 finalScore。

```
function fillOutScorecard(initials, finalScore) {
    scorecard.display = initials;
    scorecard.score = finalScore;
}
```

当调用函数时，所需的参数必须传递给函数。函数会使用传递的值替换函数定义中的参数。例如以上代码，scorecard 是影片剪辑的实例名称，display 和 score 是影片剪辑中可输入文本块。

4. 从函数返回值

使用 return 语句可以从函数中返回值。return 语句将停止函数运行并使用 return 语句的值替换它。

在函数中，使用 return 语句时要遵循以下规则。

- 如果为函数指定除 void 之外的其他返回类型，则必须在函数中加入一条 return 语句。
- 如果指定返回类型为 void，则不应加入 return 语句。
- 如果不指定返回类型，则可以选择是否加入 return 语句。如果不加入该语句，将返回一个空字符串。

5. 调用自定义函数

使用目标路径从任意时间轴中调用任意时间轴内的函数。如果函数是使用 _global 标识符声明的，则无须使用目标路径即可调用它。

要调用自定义函数，可以在目标路径中输入函数名称，有的自定义函数需要在括号内传递所有必需的参数。例如，以下语句中，在主时间轴上调用影片剪辑 MathLib 中的函数 sqr()，其参数为 3，最后把结果存储在变量 temp 中：

```
var temp = _root.MathLib.sqr(3);
```

在调用自定义函数时，可以使用绝对路径或相对路径来调用。

⑨.2.7 运算符

ActionScript 中的表达式都是通过运算符连接变量和数值的。运算符是在进行动作脚本编程过程中经常会用到的元素，使用它可以连接、比较、修改已经定义的数值。ActionScript 中的运算符分为：数值运算符、赋值运算符、逻辑运算符、等于运算符等。

知识点

如果一个表达式中包含有相同优先级的运算符时，动作脚本将按照从左到右的顺序依次进行计算；当表达式中包含有较高优先级的运算符时，动作脚本将按照从左到右的顺序，先计算优先级高的运算符，然后再计算优先级较低的运算符；当表达式中包含括号时，则先对括号中的内容进行计算，然后按照优先顺序依次进行计算。

1. 数值运算符

数值运算符可以执行加、减、乘、除及其他算术运算。动作脚本数值运算符如表 9-2 所示。

表 9-2　数值运算符

运算符	执行的运算
+	加法
*	乘法
/	除法
%	求模(除后的余数)
−	减法
++	递增
−−	递减

2. 比较运算符

比较运算符用于比较表达式的值，然后返回一个布尔值(true 或 false)，这些运算符常用于循环语句和条件语句中。动作脚本中的比较运算符如表 9-3 所示。比较运算符通常用于循环语句及条件语句中。

表 9-3 比较运算符

运 算 符	执行的运算
<	小于
>	大于
<=	小于或等于
>=	大于或等于

3. 逻辑运算符

逻辑运算符是对布尔值(true 和 false)进行比较，然后返回另一个布尔值，动作脚本中的逻辑运算符如表 9-4 所示，该表按优先级递减的顺序列出了逻辑运算符。

表 9-4 逻辑运算符

运 算 符	执行的运算
&&	逻辑与
||	逻辑或
!	逻辑非

4. 按位运算符

按位运算符会在内部对浮点数值进行处理，并转换为 32 位整型数值。在执行按位运算符时，动作脚本会分别评估 32 位整型数值中的每个二进制位，从而计算出新的值。动作脚本中按位运算符如表 9-5 所示。

表 9-5 按位运算符

运算符	执行的运算
&	按位与
|	按位或"
^	按位异或
~	按位非
<<	左移位
>>	右移位
>>>	右移位填零

5. 等于运算符

等于(= =)运算符一般用于确定两个操作数的值或标识是否相等，动作脚本中的等于运算符如表 9-6 所示。它会返回一个布尔值(true 或 false)，若操作数为字符串、数值或布尔值将按照值进行比较；若操作数为对象或数组，按照引用进行比较。

表 9-6 等于运算符

运 算 符	执行的运算
= =	等于
= = =	全等
! =	不等于
! = =	不全等

6. 赋值运算符

赋值(=)运算符可以将数值赋给变量，或在一个表达式中同时给多个参数赋值。例如，以下代码中，表达式 asde=5 中会将数值 5 赋给变量 asde；在表达式 a=b=c=d 中，将 a 的值分别赋予变量 b，c 和 d。

```
asde = 5;
a = b = c = d;
```

动作脚本中的赋值运算符如表 9-7 所示。

表 9-7 赋值运算符

运算符	执行的运算
=	赋值
+=	相加并赋值
-=	相减并赋值
*=	相乘并赋值
%=	求模并赋值
/=	相除并赋值
<<=	按位左移位并赋值
>>=	按位右移位并赋值
>>>=	右移位填零并赋值
^=	按位异或并赋值
|=	按位或并赋值
&=	按位与并赋值

7. 字符串运算符

加(+)运算符处理字符串时会产生特殊效果，它可以将两个字符串操作数连接起来，使其成为一个字符串。若加(+)运算符连接的操作数中只有一个是字符串，Flash 会将另一个操作数也转换为字符串，然后将它们连接为一个字符串。

8. 点运算符和数组访问运算符

使用点运算符(.)和数组访问运算符([ ])可以访问内置或自定义的动作脚本对象属性,包括影片剪辑的属性。点运算符的左侧是对象的名称,右侧是属性或变量的名称。例如:

```
mc.height = 24;
mc. = "ball";
```

要注意的是,属性或变量名称不能是字符串或被评估为字符串的变量,必须是一个标识符。

9.3　添加代码

在 ActionScript 3.0 环境下,按钮或影片剪辑不可以被直接添加代码,只能将代码输入在时间轴上,或者将代码输入在外部类文件中。但是,在 ActionScript 2.0 环境下,可以给【按钮】元件或【影片剪辑】元件添加 ActionScript,可以根据动画实际要实现的效果,选择方便快捷的 ActionScript 环境。

9.3.1　在时间轴上输入代码

在 Flash CS6 中,可以在时间轴上的任何一帧中添加代码,包括主时间轴和影片剪辑的时间轴中的任何帧。输入时间轴的代码,将在播放头进入该帧时被执行。在时间轴上选中要添加代码的关键帧,选择【窗口】|【动作】命令,或者直接按下 F9 快捷键即可打开【动作】面板,在动作面板的【脚本编辑窗口】中输入代码,如图 9-6 所示。

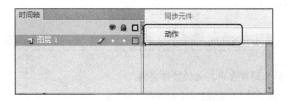

图 9-6　打开【动作】面板输入代码

9.3.2　添加外部单独代码

需要组件较大的应用程序或者包括重要的代码时,就可以创建单独的外部 AS 类文件并在其中组织代码。

要创建外部 AS 文件，应首先选择【文件】|【新建】命令打开【新建文档】对话框，在该对话框中选中【ActionScript 文件】选项，然后单击【确定】按钮即可，如图 9-7 所示。与【动作】面板相类似，可以在创建的 AS 文件的【脚本】窗口中书写代码，完成后将其保存即可，如图 9-8 所示。

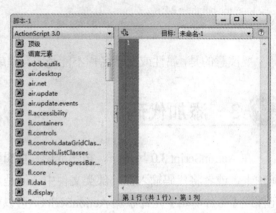

| 图 9-7 新建 ActionScript 文档 | 图 9-8 【脚本】窗口 |

⑨.3.3 在元件中添加代码

在 ActionScript 2.0 环境下，可以在【按钮】和【影片剪辑】元件中添加代码。在元件中直接添加代码，可以针对该元件，执行动作。

1. 【按钮】元件上添加代码

在【按钮】元件中添加 ActionScript，在单击该按钮或者鼠标经过该按钮时，能执行指定的动作脚本动画。

选中要添加代码的按钮，按下 F9 键，或者右击该按钮，在弹出的快捷菜单中选择【动作】命令，打开【动作】面板，在编辑区域中输入代码即可。

 提示------------------------------------

给按钮添加动作脚本时，该按钮上的脚本动画不会影响到舞台中其他的按钮实例。

2. 【影片剪辑】元件上添加代码

【影片剪辑】元件用于独立的时间轴，在影片剪辑中添加动作脚本后，一旦事件发生时就可以执行指定的动作。

要在【影片剪辑】中插入动作脚本，方法与在【按钮】元件中添加代码方法类似。选中要添加脚本的【影片剪辑】元件，打开【动作】面板，在编辑区域中输入代码即可。

【例 9-1】新建一个文档(ActionScript 2.0 环境)，创建【影片剪辑】元件，输入代码，创建跟随鼠标移动效果。

(1) 启动 Flash CS6，选择【文件】|【新建】命令，打开【新建文档】对话框，在【类型】中选择【ActionScript 2.0】选项，然后单击【确定】按钮创建文档，如图 9-9 所示。

(2) 选择【插入】|【元件】命令，打开【创建新元件】对话框，创建一个【影片剪辑】元件，如图 9-10 所示。

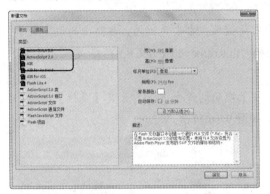

图 9-9　新建 ActionScript 2.0 文档　　　　图 9-10　【创建新元件】对话框

(3) 在【元件 1】窗口中，选择【文件】|【导入】|【导入到舞台】命令，导入一个名为"幸运草"的 PNG 图像文件到舞台中，调整图像至合适大小，如图 9-11 所示。

(4) 选中图像，选择【修改】|【转换为元件】命令，转换为【图形】元件。

(5) 返回至【元件 1】在【图层 1】图层第 100 帧处插入关键帧，按住 Shift 键，将【图形】元件垂直移至舞台下面，然后打开【属性】面板，设置元件 Alpha 值为 30%，如图 9-12 所示。

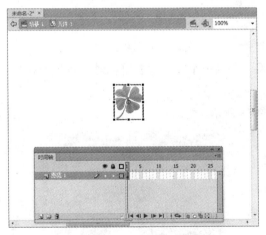
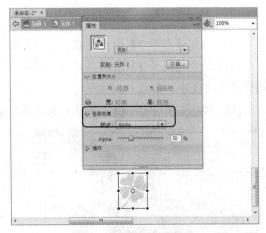

图 9-11　导入图像到舞台　　　　　　图 9-12　设置元件属性

(6) 右击 1 到 100 帧之间任意一帧，在弹出的快捷菜单中选择【创建传统补间】命令，创建传统补间动画，如图 9-13 所示。

(7) 选中传统补间动画的任意一帧，在【属性】面板中设置为逆时针旋转，旋转次数为 2 次，如图 9-14 所示。

图 9-13　创建传统补间动画　　　　　　　　　　图 9-14　设置旋转

(8) 新建【图层 2】图层，在第 100 帧处插入空白关键帧，右击关键帧，在弹出的快捷菜单中选择【动作】命令，打开【动作】面板，输入代码 "this.removeMovieClip()" ，定义影片剪辑，如图 9-15 所示。

(9) 返回【场景 1】，将【元件 1】从【库】面板上拖动到舞台上，打开其【属性】面板，在【实例名称】文本框中输入实例名称为 "syc" ，如图 9-16 所示。

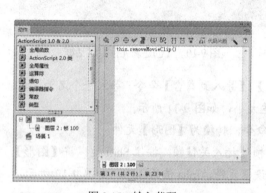

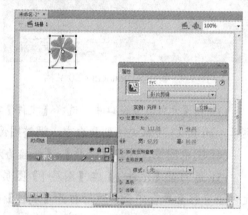

图 9-15　输入代码　　　　　　　　　　　　图 9-16　输入实例名称

(10) 新建【图层 2】图层，在第 1 帧处插入关键帧，在该帧出输入代码。

(11) 新建【图层 3】图层，将该图层移至最底层，导入一个【背景】图像到舞台中，调整图像至合适大小，如图 9-17 所示。

(12) 按下 Ctrl+Enter 键，测试动画效果，如图 9-18 所示。

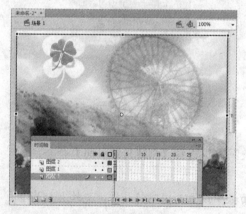

图 9-17　导入背景图　　　　　　　　　　　　图 9-18　测试动画效果

⑨.4 ActionScript 常用语句

ActionScript 语句就是动作或者命令，动作可以相互独立地运行，也可以在一个动作内使用另一个动作，从而达到嵌套效果，使动作之间可以相互影响。条件判断语句及循环控制语句是制作 Flash 动画时较常用到的两种语句。

⑨.4.1 条件判断语句

条件语句用于决定在特定情况下才执行命令，或者针对不同的条件执行具体操作。在制作交互性动画时，使用条件语句，只有当符合设置的条件时，才会执行相应的动画操作。在 Flash CS6 中，条件语句主要有 if…else 语句、if…else…if 和 switch…case 这 3 种句型。

1. if…else 语句

if…else 条件语句用于测试一个条件，如果条件存在，则执行一个代码块，否则执行替代代码块。例如，下面的代码测试 x 的值是否超过 100，如果是，则生成一个 trace()函数，否则生成另一个 trace()函数。

```
if (x > 100)
{
trace("x is > 100");
}
else
{
trace("x is <= 100");
}
```

2. if…else…if 语句

可以使用 if…else…if 条件语句来测试多个条件。例如，下面的代码不仅测试 x 的值是否超过 100，而且还测试 x 的值是否为负数。

```
if (x > 100)
{
trace("x is >100");
}
else if (x < 0)
{
trace("x is negative");
}
```

计算机 基础与实训教材系列

如果 if 或 else 语句后面只有一条语句，则无须用大括号括起后面的语句。例如，下面的代码不使用大括号。

```
if (x > 0)
trace("x is positive");
else if (x < 0)
trace("x is negative");
else
trace("x is 0");
```

但是在实际代码编写过程中，用户最好始终使用大括号，因为以后在缺少大括号的条件语句中添加语句时，可能会出现误操作。

3. switch…case 语句

如果多个执行路径依赖于同一个条件表达式，则 switch 语句非常有用。它的功能大致相当于一系列 if…else…if 语句，但是它更便于阅读。switch 语句不是对条件进行测试以获得布尔值，而是对表达式进行求值并使用计算结果来确定要执行的代码块。代码块以 case 语句开头，以 break 语句结尾。

【例 9-2】 新建一个 ActionScript 3.0 文档，通过 switch…case 语句在【输出】面板中返回当前时间。

(1) 启动 Flash CS6，新建一个文档，右击第 1 帧，在弹出的快捷菜单中选择【动作】命令，如图 9-19 所示。

(2) 打开【动作】面板，输入代码，如图 9-20 所示。

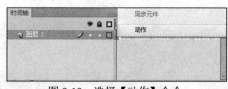
图 9-19 选择【动作】命令

图 9-20 输入代码

(3) 关闭【动作】面板，按下 Ctrl+Enter 键进行测试，将自动打开【输出】面板显示当前时间，如图 9-21 所示。

图 9-21 【输出】面板

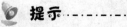**提示**

在上面的代码几乎每一个 case 语句中都有 break 语句，它能使流程跳出分支结构，继续执行 switch 结构下面的一条语句。

⑨.4.2　循环控制语句

循环类动作主要控制一个动作重复的次数，或是在特定的条件成立时重复动作。在 Flash CS6 中，可以使用 while、do…while、for、for…in 和 for each…in 动作创建循环。

1. for 语句

for 循环用于循环访问某个变量以获得特定范围的值。在 for 语句中必须提供以下 3 个表达式。

- ⦿ 一个设置了初始值的变量。
- ⦿ 一个用于确定循环何时结束的条件语句。
- ⦿ 一个在每次循环中都更改变量值的表达式。

例如，下面的代码循环 5 次。变量 i 的值从 0 开始到 4 结束，输出结果是从 0 到 4 的 5 个数字，每个数字各占 1 行。

```
var i:int;
for (i = 0; i < 5; i++)
{
trace(i);
```

2. for…in 语句

for…in 循环用于循环访问对象属性或数组元素。例如，可以使用 for…in 循环来循环访问通用对象的属性。

```
var myObj:Object = {x:20, y:30};
for (var i:String in myObj)
{
trace(i + ": " + myObj[i]);
}
//输出：
// x: 20
// y: 30
```

> 🛰 **提示**
>
> 使用 for…in 循环来循环访问通用对象的属性时，是不按任何特定的顺序来保存对象属性的，因此属性可能以随机的顺序出现。

3. for each…in 语句

for each…in 循环用于循环访问集合中的项目，它可以是 XML 或 XMLList 对象中的标签、对象属性保存的值或数组元素。例如，下面所摘录的代码所示，可以使用 for each…in 循环来循环访问通用对象的属性，但是与 for…in 循环不同的是，for each…in 循环中的迭代变量包含属性所保存的值，而不包含属性的名称。

```
var myObj:Object = {x:20, y:30};
for each (var num in myObj)
{
trace(num);
}
//输出:
// 20
// 30
```

4. while 语句

while 循环与 if 语句相似，只要条件为 true，就会反复执行。例如，下面的代码与 for 循环示例生成的输出结果相同。

```
var i:int = 0;
while (i < 5)
{
trace(i);
i++;
}
```

提示

使用 while 循环的一个缺点是，编写的 while 循环中更容易出现无限循环。如果省略了用来递增计数器变量的表达式，则 for 循环示例代码将无法编译，而 while 循环示例代码仍然能够编译。

5. do…while 语句

do…while 循环是一种特殊的 while 循环，它保证至少执行一次代码块，这是因为在执行代码块后才会检查条件。下面的代码显示了 do…while 循环的一个简单示例，即使条件不满足，该示例也会生成输出结果。

```
var i:int = 5;
do
{
trace(i);
i++;
} while (i < 5);
//输出: 5
```

9.5 处理对象

Flash 中访问的每一个目标都可以称之为"对象",如舞台中的元件实例等。每个对象都可能包含 3 个特征,分别是属性、方法和事件,而且用户还可以进行创建对象实例的操作。

9.5.1 属性

属性是对象的基本特性,如影片剪辑元件的位置、大小、透明度等。它表示某个对象中绑定在一起的若干数据块的一个。例如:

```
myExp.x=100
//将名为 myExp 的影片剪辑元件移动到 x 坐标为 100 像素的地方
myExp.rotation=Scp.rotation;
//使用 rotation 属性旋转名为 myExp 的影片剪辑元件,以便与 Scp 影片剪辑元件的旋转相匹配
myExp.scaleY=5
//更改 Exp 影片剪辑元件的水平缩放比例,使其宽度为原始宽度的 5 倍
```

通过以上语句可以发现,要访问对象的属性,可以使用"对象名称(变量名)+句点+属性名"的形式书写代码。

9.5.2 方法

方法是指可以由对象执行的操作。如果在 Flash 中使用时间轴上的几个关键帧和基本动画制作了一个影片剪辑元件,则可以播放或停止该影片剪辑,或者指示它将播放头移动到特定的帧。例如:

```
myClip.play();
//指示名为 myClip 的影片剪辑元件开始播放
myClip.stop();
//指示名为 myClip 的影片剪辑元件停止播放
myClip.gotoAndstop(15);
//指示名为 myClip 的影片剪辑元件将其播放头移动到第 15 帧,然后停止播放
myClip.gotoAndPlay(5);
//指示名为 myClip 的影片剪辑元件跳到第 5 帧开始播放
```

通过以上的语句可以总结出两个规则:以"对象名称(变量名)+句点+方法名"可以访问方法,这与属性类似;小括号中指示对象执行的动作,可以将值或者变量放在小括号中,这些值被称为方法的"参数"。

方法与属性或者变量的不同之处在于,方法不能用作值占位符。有一些方法还可以执行计

算并返回，可以像变量一样使用结果。例如，Number 类的 toString()方法将数值转换为文本表示形式。

9.5.3 事件

事件用于确定执行哪些指令以及何时执行的机制。事实上，事件就是指所发生的、ActionScript 能够识别并可响应的事情。许多事件与用户交互动作有关，如用户单击按钮或按下键盘上的键等操作。

无论编写怎样的事件处理代码，都会包括事件源、事件和响应 3 个元素，它们的含义如下。

- 事件源：是指发生事件的对象，也被称为"事件目标"。
- 响应：是指当事件发生时执行的操作。
- 事件：指将要发生的事情，有时一个对象可以触发多个事件。

在编写事件代码时，应遵循以下基本结构：

```
function eventResponse(eventObject:EventType):void
{
//此处是为响应事件而执行的动作
}
eventSource.addEventListener(EventType.EVENT_NAME, eventResponse);
```

此代码执行两个操作。首先，定义一个函数 eventResponse，这是指定为响应事件而要执行的动作的方法；接下来，调用源对象的 addEventListener() 方法，实际上就是为指定事件"订阅"该函数，以便当该事件发生时，执行该函数的动作。而 eventObject 是函数的参数，EventType 则是该参数的类型。

9.5.4 创建对象实例

在 ActionScript 中使用对象之前，必须确保该对象的存在。创建对象的一个步骤就是声明变量，前面已经学会了其操作方法。但仅声明变量，只表示在计算机内创建了一个空位置，因此需要为变量赋予一个实际的值，这样的整个过程就成为对象的"实例化"。除了在 ActionScript 中声明变量时赋值之外，其实用户也可以在【属性】面板中为对象指定对象实例名。

除了 Number、String、Boolean、XML、Array、RegExp、Object 和 Function 数据类型以外，要创建一个对象实例，都应将 new 运算符与类名一起使用。例如：

```
Var myday:Date=new Date(2008,7,20);
//以该方法创建实例时，在类名后加上小括号，有时还可以指定参数值
```

【例9-3】新建一个 AS 3.0 文档，在外部 AS 文件和文档中添加代码，创建下雪效果。

(1) 启动 Flash CS6，新建一个文档，选择【修改】|【文档】命令，打开【文档设置】对话框，设置文档背景颜色为黑色，文档大小为 600×400 像素，如图 9-22 所示。

(2) 选择【插入】|【新建元件】命令，打开【创建新元件】对话框，创建一个名为 snow 的影片剪辑元件，如图 9-23 所示。

图 9-22　设置文档属性

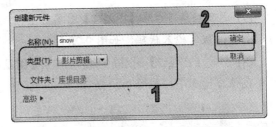

图 9-23　【创建新元件】对话框

(3) 在 snow 元件编辑模式里，选择【椭圆工具】，按住 Shift 键，绘制一个正圆图形。删除正圆图形笔触，选择【颜料桶】工具，设置填充色为放射性渐变色，填充图形，并调整其大小，如图 9-24 所示。

(4) 返回【场景 1】窗口，选择【文件】|【新建】命令，打开【新建文档】对话框，选择【ActionScript 文件】选项，然后单击【确定】按钮，如图 9-25 所示。

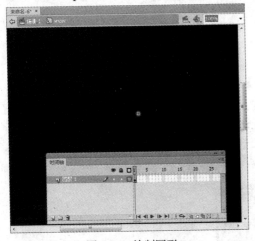

图 9-24　绘制圆形

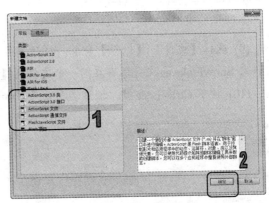

图 9-25　新建文档

(5) 新建一个 ActionScript 文件，这时系统会自动打开一个【脚本】动作面板，在代码编辑区域输入代码，如图 9-26 所示。

(6) 选择【文件】|【另存为】命令，保存 ActionScript 文件名称为"SnowFlake"，将文件保存到【下雪】文件夹中，文件夹名称可以自己定义，如图 9-27 所示。

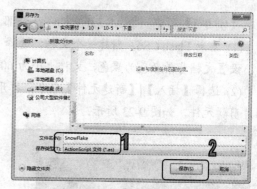

图 9-26　输入代码　　　　　　　　　　　　　图 9-27　保存文档

　　(7) 返回场景，右击【图层 1】图层第 1 帧，在弹出的快捷菜单中选择【动作】命令，打开【动作】面板，输入代码，如图 9-28 所示。

　　(8) 新建【图层 2】图层，将图层移至【图层 1】图层下方，导入【背景】位图到设计区中，调整图像合适大小，如图 9-29 所示。

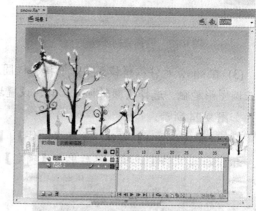

图 9-28　输入代码　　　　　　　　　　　　　图 9-29　导入背景图

　　(9) 选择【文件】|【保存】命令，打开【另存为】对话框，保存文件名称为"Snow"，将文件与 SnowFlake.as 文件保存在同一个文件夹【下雪】中，如图 9-30 所示。

　　(10) 按下 Ctrl+Enter 键，测试动画效果，如图 9-31 所示。

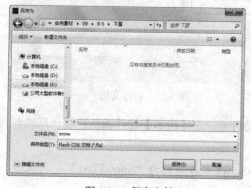

图 9-30　保存文档　　　　　　　　　　　　　图 9-31　测试动画效果

9.6 类和数组

类是 ActionScript 中的基础，ActionScript 3.0 中的类有许多种。使用数组可以把相关的数据聚集在一起，对其进行组织和处理。

9.6.1 使用类

类是对象的抽象表现形式，用来储存有关对象可保存的数据类型及对象可表现的行为的信息。使用类可以更好地控制对象的创建方式以及对象之间的交互方式。一个类包括类名和类体，类体又包括类的属性和类的方法。

1. 定义类

在 ActionScript 3.0 中，可以使用 class 关键字定义类，其后跟类名，类体要放在大括号"{}"内，且放在类名后面。例如：

```
public class className {
//类体
}
```

2. 类的属性

在 ActionScript 3.0 中，可以使用以下 4 个属性来修改类定义。

- dynamic：用来运行时向实例添加属性。
- final：不得由其他类扩展。
- internal：对当前包内的引用可见。
- 公共：对所有位置的引用可见。

例如，如果定义类时未包含 dynamic 属性，则不能在运行时向类实例中添加属性，通过向类定义的开始处放置属性，可显式地分配属性。

```
dynamic class Shape {}
```

3. 类体

类体放在大括号内，用于定义类的变量、常量和方法。例如，声明 Adobe Flash Play API 中的 Accessibility 类。

```
public final class
Accessibility{
Public static function get
active ():Boolean;
```

```
public static function
updateproperties():void;
}
```

ActionScript 3.0 不仅允许在类体中包括定义，还允许包括语句。如果语句在类体中但在方法定义之外，这些语句只在第一次遇到类定义并且创建了相关的类对象时执行一次。

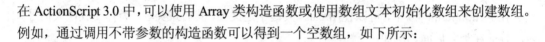

⑨.6.2 使用数组

在 ActionScript 3.0 中，使用数组可以把相关的数据聚集在一起，对其进行组织处理。数组可以存储多种类型的数据，并为每个数据提供一个唯一的索引标识。

1. 创建数组

在 ActionScript 3.0 中，可以使用 Array 类构造函数或使用数组文本初始化数组来创建数组。例如，通过调用不带参数的构造函数可以得到一个空数组，如下所示：

```
var myArray:Array = new
Array ();
```

如果不用 Array 构造函数，可以将数组文本直接分配给数组变量，例如：

```
var myArray:Array = [···values] ;
```

2. 遍历数组

如果要访问存储在数组中的所有元素，可以使用 for 语句循环遍历数组。

在 for 语句中，大括号内使用循环索引变量以访问数组的相应元素；循环索引变量的范围应该是 0~数组长度减 1，例如：

```
var myArray:Array = new
Array (···values);
For(var i:int = 0; I < myArray.
Length;I ++) {
Trace(myArray[i]);
}
```

其中，i 索引变量从 0 开始递增，当等于数组的长度时停止循环，即 i 赋值为数组最后一个元素的索引时停止。然后在 for 语句的循环数组，通过 myArray[i]的形式访问每一个元素。

3. 操作数组

用户可以对创建好的数组进行操作，如添加元素和删除元素等。

使用 Array 类的 unshift()、push()、splice()方法可以将元素添加到数组中。使用 Array 类的

shift()、pop()、splice()方法可以从数组中删除元素。

- 使用 unshift()方法将一个或多个元素添加到数组的开头，并返回数组的新长度。此时数组中的其他元素从其原始位置向后移动一位。
- 使用 push()方法可以将一个或多个元素追加到数组的末尾，并返回该数组的新长度。
- 使用 splice()方法可以在数组中的指定索引处插入任意数量的元素，该方法修改数组但不制作副本。splice()方法还可以删除数组中任意数量的元素，其执行的起始位置是由传递到该方法的第一个参数指定的。
- 使用 shift()方法可以删除数组的第一个元素，并返回该元素。其余的元素将从其原始位置向前移动一个索引位置，即为始终删除索引 0 处的元素。
- 使用 pop()方法可以删除数组中最后一个元素，并返回该元素的值，即为删除位于最大索引处的元素。

⑨.7 上机练习

本章的上机实验主要练习制作 Flash 相册动画，使用户更好地掌握 Flash CS6 的输入代码，创建函数，操作数组等内容。

(1) 启动 Flash CS6，选择【新建】|【文档】命令，新建一个文档。

(2) 设置舞台尺寸为"600 像素×450 像素"，然后将名为"bg"的图像文件导入舞台并将该图层命名为"背景"，如图 9-32 所示。

(3) 新建名为"相框"的图层，将名为"rahmen"的图像文件导入到舞台，将其转换为影片剪辑元件，然后选择该【相框】实例，在【属性】面板中添加【投影】滤镜，如图 9-33 所示。

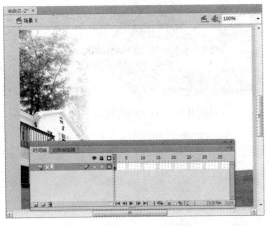

图 9-32 导入背景图

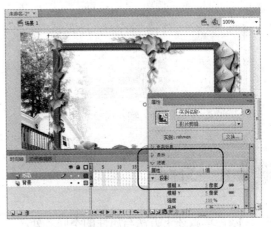

图 9-33 导入相框图形

(4) 在【相框】图层下新建【图片】图层，将 pic.01~pic.05 图像文件导入到舞台，转换为影片剪辑元件，并按照顺序重叠放置在【相框】下面，然后在【属性】面板中分别设置它们的实例名称为 pic01~pic.05，如图 9-34 所示。

（5）新建【按钮】图层，选择【多角星形】工具，在舞台中绘制一个浅绿色的三角形，将其转换为按钮元件，在【属性】面板中设置其【实例名称】为"backBtn"，并为其添加【投影】滤镜，复制三角按钮，将其水平翻转并设置其【实例名称】为"nextBtn"，并移动到右侧，如图 9-35 所示。

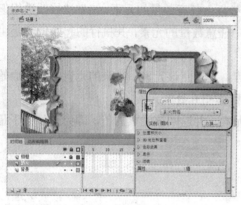

图 9-34　导入图片

图 9-35　新建按钮元件

（6）新建 AS 图层，打开【动作】面板，输入代码，如图 9-36 所示。

（7）按下 Ctrl+Enter 键，测试动画效果，如图 9-37 所示。

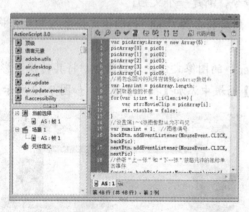

图 9-36　输入代码

图 9-37　测试动画效果

9.8　习题

1. 简单叙述下方法与属性的不同之处。

2. ActionScript 3.0 中分号的作用是什么？

3. ActionScript 有哪些常用语句？

第10章

插入 Flash 组件

学习目标

组件是一种带有参数的影片剪辑，它可以帮助用户在不编写 ActionScript 的情况下，方便而快速地在 Flash 文档中添加所需的界面元素。在 Flash CS6 中的组件主要分为按钮、复选框以及列表框等。本章主要介绍在 Flash CS6 中使用各种组件的方法和操作内容。

本章重点

- ◉ 组件的类型
- ◉ 组件基本操作
- ◉ 按钮组件的使用
- ◉ 下拉列表组件的使用
- ◉ 文本区域组件的使用
- ◉ 视频组件的使用

10.1 组件基础知识

组件是一种带有参数的影片剪辑，每个组件都有一组独特的动作脚本方法，即使对动作脚本语言没有深入的理解，也可以使用组件在 Flash 中快速构建应用程序。此外，Flash 中的组件范围不仅仅限于软件提供的自带组件，还可以下载其他开发人员创建的组件，甚至自定义组件。

10.1.1 组件的类型

Flash 中的组件都显示在【组件】面板中，选择【窗口】|【组件】命令，打开【组件】面板。在该面板中可查看和调用系统中的组件。Flash CS6 的组件包括 Flex 组件、UI 组件和 Video 组件三大类，如图 10-1 所示。

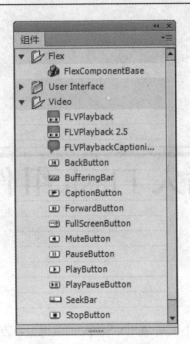

图 10-1 【组件】面板

 提示

要在 Flash CS6 中创建 Flex 组件，必须为 Flash 安装 Flex 组件工具包。用户需要安装 Adobe Extension Manager 安装组件工具。本书仅介绍 UI 组件和视频组件。关于 Flex 组件部分，本书限于篇幅不再介绍。

⑩.1.2 组件基本操作

在 Flash CS6 中，组件的基本操作主要包括添加/删除组件、预览/查看组件、调整组件外观以及安装新组件。

1. 添加和删除组件

要添加组件，用户可以直接双击【组件】面板中要添加的组件，将其添加到舞台中央，也可以将其选中后拖到舞台中的任意位置。

如果需要在舞台中创建多个相同的组件实例，还可以将组件拖到【库】面板中以便于反复使用，如图 10-2 所示。

如果要在 Flash 影片中删除已经添加的组件实例，可以直接选中舞台上的实例，按下 BackSpace 键或者 Delete 键将其删除；如果要从【库】面板中将组件彻底删除，可以在【库】面板中选中要删除的组件，然后单击【库】面板底部的 ⬛ 按钮，或者直接将其拖动到 ⬛ 按钮上。

2. 预览和查看组件

使用动态预览模式，可以在制作动画时查看组件发布后的外观，并且反映不同组件的不同参数。选择【控制】|【启动动态预览】命令，即可启动动态预览模式。重复该操作，可以关闭动态预览模式。

启动动态预览模式后，从【组件】面板中拖动所需的组件到舞台中，即可预览组件的效果，如图 10-3 所示。

图 10-2 组件拖入到库

图 10-3 预览组件效果

3. 调整组件外观

拖动到舞台中的组件被系统默认为组件实例，并且都是默认大小的。用户可以通过【属性】面板中的设置来调整组件大小。

可以使用【任意变形】工具或调整组件的宽和高属性来调整组件大小，该组件内容的布局保持不变，但该操作会导致组件在影片回放时发生扭曲现象。如图 10-4 所示为使用工具和【属性】面板来调整组件大小。

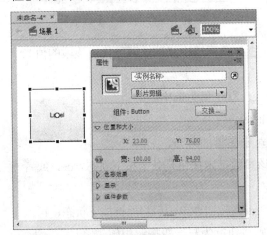

图 10-4 调整组件大小

> **提示**
>
> 由于拖动到舞台中的组件系统默认为组件实例。关于实例的其他设置，同样可以应用于组件实例当中，如调整色调、透明度等。

10.2 常用 UI 组件应用

在 Flash CS6 的组件类型中，User Interface(UI)组件用于设置用户界面，并实现大部分的交互式操作，因此在制作交互式动画方面，UI 组件应用最广，也是最常用的组件类别之一。下面分别对几个较为常用的 UI 组件进行介绍。

计算机 基础与实训教材系列

10.2.1 使用按钮组件 Button

按钮组件 Button 是一个可使用自定义图标来定义其大小的按钮，它可以执行鼠标和键盘的交互事件，也可以将按钮的行为从按下改为切换。

在【组件】面板中选择按钮组件 Button，拖动到舞台中即可创建一个按钮组件的实例，如图 10-5 所示。选中按钮组件实例后，在其【属性】面板中会显示【组件参数】选项卡，用户可以在此修改其参数，如图 10-6 所示。

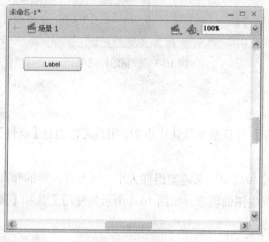

图 10-5　创建按钮组件

图 10-6　【组件参数】选项卡

在按钮组件的【组件参数】选项卡中有很多复选框，只要选中复选框即可代表该项的值为 true，取消选中则为 false，该面板中主要参数设置如下。

- enabled：指示组件是否可以接受焦点和输入，默认值为选中。
- label：设置按钮上的标签名称，默认值为 label。
- labelPlacement：确定按钮上的标签文本相对于图标的方向。
- selected：如果 toggle 参数的值为 true，则该参数指定按钮是处于按下状态 true，或者是释放状态 false。
- toggle：将按钮转变为切换开关。如果值是 true，按钮在单击后将保持按下状态，再次单击时则返回弹起状态。如果值是 false，则按钮行为与一般按钮相同。
- visible：指示对象是否可见，默认值为 true。

【例 10-1】使用按钮组件 Button 创建一个可交互的应用程序。

(1) 启动 Flash CS6，选择【文件】|【新建】命令，新建一个 Flash 文档。

(2) 选择【窗口】|【组件】命令，打开【组件】面板，将按钮组件 Button 拖到舞台中创建一个实例，如图 10-7 所示。

(3) 在该实例的【属性】面板中，输入实例名称为 "aButton"，然后打开【组件参数】选项组，为 label 参数输入文字 "开始"，如图 10-8 所示。

图 10-7 创建按钮组件实例

图 10-8 输入名称

(4) 从【组件】面板中拖动拾色器组件 ColorPicker 到舞台中，然后在其【属性】面板上将该实例命名为 "aCp"，如图 10-9 所示。

(5) 在时间轴上选中第 1 帧，然后打开【动作】面板输入代码，如图 10-10 所示。

图 10-9 创建拾色器组件

图 10-10 输入代码

(6) 按下 Ctrl+Enter 组合键，预览影片效果：单击【开始】按钮，将会出现【黑】按钮，还会出现"黑色"拾色器。再次单击【黑】按钮，出现【白】按钮，还会出现"白色"拾色器。再次单击【白】按钮，出现【返回】按钮。再次单击【返回】按钮，将会返回到【开始】按钮，如图 10-11 所示。

图 10-11　测试动画效果

10.2.2　使用复选框组件 CheckBox

复选框是一个可以选中或取消选中的方框，它是表单或应用程序中常用的控件之一，当需要收集一组非互相排斥的选项时都可以使用复选框。

在【组件】面板中选择复选框组件 CheckBox，将其拖到舞台中即可创建一个复选框组件的实例，如图 10-12 所示。选中复选框组件实例后，在其【属性】面板中会显示【组件参数】选项卡，用户可以在此修改其参数，如图 10-13 所示。

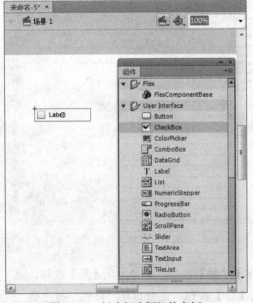

图 10-12　创建复选框组件实例

图 10-13　【组件参数】选项卡

在该选项卡中，各选项的具体作用如下。

- ◉ enabled：指示组件是否可以接受焦点和输入，默认值为 true。
- ◉ label：设置复选框的名称，默认值为 label。
- ◉ labelPlacement：设置名称相对于复选框的位置，默认情况下位于复选框的右侧。
- ◉ selected：设置复选框的初始值为 true 或者 false。
- ◉ visible：指示对象是否可见，默认值为 true。

【例 10-2】使用按钮组件 CheckBox 创建一个可交互的应用程序。

(1) 启动 Flash CS6，选择【文件】|【新建】命令，新建一个 Flash 文档。

(2) 选择【窗口】|【组件】命令，打开【组件】面板，将按钮组件 CheckBox 拖到舞台中创建一个实例，如图 10-14 所示。

(3) 在该实例的【属性】面板中，输入实例名称为"homeCh"，然后打开【组件参数】选项卡，为 label 参数输入文字"复选框"，如图 10-15 所示。

图 10-14 创建复选框组件实例

图 10-15 输入名称

(4) 从【组件】面板中拖动两个单选按钮组件 RadioButton 至舞台中，并将它们置于复选框组件的下方，如图 10-16 所示。

(5) 选中舞台中的第 1 个单选按钮组件，打开【参数】面板，输入实例名称"单选按钮 1"，然后为 label 参数输入文字"男"，为 groupName 参数输入"valueGrp"，如图 10-17 所示。

图 10-16 创建单选按钮组件实例

图 10-17 设置组件参数

(6) 选中舞台中的第 2 个单选按钮组件，打开【参数】面板，输入实例名称"单选按钮 2"，然后为 label 参数输入文字"女"，为 groupName 参数输入"valueGrp"，如图 10-18 所示。

(7) 在时间轴上选中第 1 帧，然后打开【动作】面板输入代码，如图 10-19 所示。

图 10-18　设置组件参数

图 10-19　输入代码

(8) 按下 Ctrl+Enter 组合键测试影片效果：只有选中复选框后，单选按钮才处于可选状态，如图 10-20 所示。

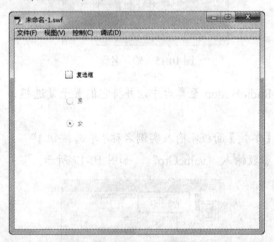
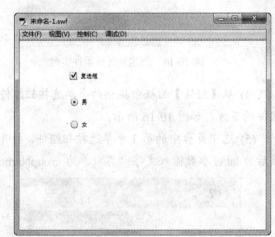

图 10-20　测试影片效果

10.2.3　使用单选按钮组件 RadioButton

单选按钮组件 RadioButton 允许在互相排斥的选项之间进行选择，可以利用该组件创建多个不同的组，从而创建一系列的选择组。

由于单选按钮需要创建成组才可以实现单选效果，因此用户应至少使用两个或两个以上的单选按钮组件才可以制作出完整的应用程序。

在【组件】面板中选择下拉列表组件 RadioButton，将其拖到舞台中即可创建一个单选按钮组件的实例，如图 10-21 所示。选中单选按钮组件实例后，在其【属性】面板中会显示【组件参数】选项卡，用户可以在此修改其参数，如图 10-22 所示。

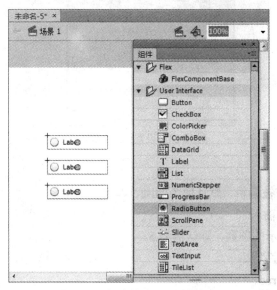

图 10-21　创建单选按钮组件实例

图 10-22　设置组件参数

在该选项卡中，各选项的具体作用如下。

- groupName：可以指定当前单选按钮所属的单选按钮组，该参数相同的单选按钮为一组，且在一个单选按钮组中只能选择一个单选按钮。
- label：用于设置 RadioButton 的文本内容，其默认值为 label。
- labelPlacement：可以确定单选按钮旁边标签文本的方向，默认值为 right。
- selected：用于确定单选按钮的初始状态是否被选中，默认值为 false。
- Value：一个文本字符串数组，可以为 label 参数中各选项指定关联的值。

10.2.4　使用下拉列表组件 ComboBox

下拉列表组件 ComboBox 由 3 个子组件构成：BaseButton、TextInput 和 List 组件，它允许用户从打开的下拉列表框中选择一个选项。

下拉列表框组件 ComboBox 可以是静态的，也可以是可编辑的。可编辑的下拉列表组件允许在列表顶端的文本框中直接输入文本。

在【组件】面板中选择下拉列表组件 ComboBox，将它拖动到舞台中后即可创建一个下拉列表框组件的实例，如图 10-23 所示。选中下拉列表组件实例后，在其【属性】面板中会显示【组件参数】选项卡，用户可以在此修改其参数，如图 10-24 所示。

图 10-23　创建下拉列表组件实例

图 10-24　设置组件参数

在该选项卡中，各选项的具体作用如下。

- editable：确定 ComboBox 组件是否允许被编辑，默认值为 false，即不可编辑。
- enabled：指示组件是否可以接收焦点和输入。
- rowCount：设置下拉列表中最多可以显示的项数，默认值为 5。
- restrict：可在组合框的文本字段中输入字符集。
- visible：指示对象是否可见，默认值为 true。

【例 10-3】使用下拉列表组件 ComboBox 创建一个应用程序。

(1) 启动 Flash CS6，选择【文件】|【新建】命令，新建一个 Flash 文档。

(2) 选择【窗口】|【组件】命令，打开【组件】面板，将下拉列表组件 ComboBox 拖到舞台中创建一个实例，如图 10-25 所示。

(3) 在该实例的【属性】面板中，输入实例名称为"aCb"，然后打开【组件参数】选项卡，选中 editable 复选框，如图 10-26 所示。

图 10-25　创建下拉列表组件实例

图 10-26　设置组件参数

(4) 在时间轴上选中第 1 帧，然后打开【动作】面板，输入代码，如图 10-27 所示。

(5) 按下 Ctrl+Enter 组合键预览应用程序，用户可在下拉列表中选择选项，也可以直接在文本框中输入文字，如图 10-28 所示。

图 10-27　输入代码

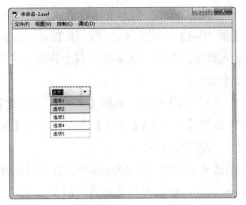

图 10-28　测试影片效果

10.2.5　使用文本区域组件 TextArea

文本区域组件 TextArea 用于创建多行文本字段。例如，可以在表单中使用 TextArea 组件创建一个静态的注释文本，或者创建一个支持文本输入的文本框。

> **提示**
>
> 通过设置 HtmlText 属性可以使用 HTML 格式来设置 TextArea 组件，同时可以用星号遮蔽文本的形式创建密码字段。

在【组件】面板中选择文本区域组件 TextArea，将它拖动到舞台中即可创建一个文本区域组件的实例，如图 10-29 所示。选中文本区域组件实例后，在其【属性】面板中会显示【组件参数】选项卡，用户可以在此修改其参数，如图 10-30 所示。

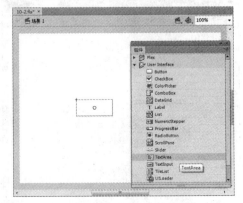

图 10-29　创建文本区域组件实例

图 10-30　设置组件参数

其【组件参数】选项卡中的主要参数设置如下。

- ⊙ editable: 确定 TextArea 组件是否允许被编辑，默认值为 true，即可编辑。
- ⊙ text: 指示 TextArea 组件的内容。
- ⊙ wordWrap: 指示文本是否可以自动换行，默认值为 true，即可自动换行。

【例 10-4】使用文本区域组件 TextArea 创建两个可输入的文本框，使第 1 个文本框中只允许输入数字，第 2 个文本框中只允许输入字母，且在第 1 个文本框中输入的内容会自动出现在第 2 个文本框中。

(1) 启动 Flash CS6，选择【文件】|【新建】命令，新建一个 Flash 文档。

(2) 选择【窗口】|【组件】命令，打开【组件】面板，拖动两个文本区域组件 TextArea 到舞台中，如图 10-31 所示。

(3) 选中上方的 TextArea 组件，在其【属性】面板中，输入实例名称"aTa"；选中下方的 TextArea 组件，输入实例名称为"bTa"，如图 10-32 所示。

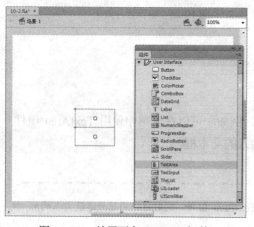

图 10-31　放置两个 TextArea 组件

图 10-32　分别输入实例名称

(4) 在时间轴上选中第 1 帧，然后打开【动作】面板输入代码，如图 10-33 所示。

(5) 按下 Ctrl+Enter 组合键，预览应用程序，并在文本框内输入数字和字母进行测试，效果如图 10-34 所示。

图 10-33　输入代码

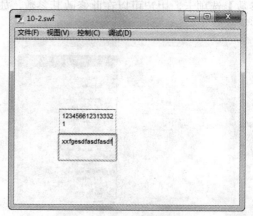

图 10-34　测试影片效果

10.2.6 使用进程栏组件 ProgressBar

使用进程栏组件 ProgressBar，可以方便快速地创建出动画预载画面，即通常在打开 Flash 动画时见到的 Loading 界面。配合上标签组件 Label，还可以将加载进度显示为百分比。

 提示 -----------------

在 Flash CS6 中，进程栏运行的模式有 3 种：事件模式、轮询模式和手动模式。其中，最常用的模式是事件模式和轮询模式。这两种模式的特点是会指定一个发出 progress 和 complete 事件(事件模式和轮询模式)或公开 bytesLoaded 和 bytesTotal 属性(轮询模式)的加载进程。如果要在手动模式下使用 ProgressBar 组件，可以设置 maximum、minimum 和 value 属性，并调用 ProgressBar.setProgress()方法。

在【组件】面板中选择进程栏组件 ProgressBar，将其拖到舞台中后即可创建一个进程栏组件的实例，如图 10-35 所示。选中舞台中的进程栏组件实例后，其【属性】面板如图 10-36 所示。

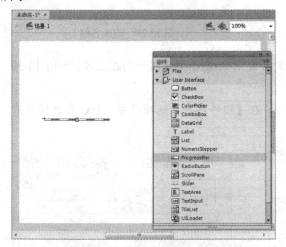

图 10-35 创建进程栏组件实例

图 10-36 设置组件参数

其【组件参数】选项卡中的主要参数设置如下。

- direction：用于指示进度蓝的填充方向。默认值为 right，即向右。
- mode：用于设置进度栏运行的模式。这里的值可以是 event、polled 或 manual。默认值为 event。
- source：是一个要转换为对象的字符串，它表示源的实例名称。
- text：输入进度条的名称。

【例 10-5】使用进程栏组件 ProgressBar 和一个 Label 组件，采用轮询模式创建一个可以反映加载进度百分比的 Loading 画面。

(1) 启动 Flash CS6，选择【文件】|【新建】命令，新建一个 Flash 文档。

(2) 选择【窗口】|【组件】命令，打开【组件】面板，拖动进程栏组件 ProgressBar 到舞台中，如图 10-37 所示。

(3) 选中 ProgressBar 组件，打开【属性】面板，在【实例名称】文本框中输入实例名称为"jd"，如图 10-38 所示。

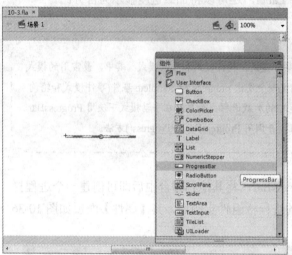

图 10-37　创建进程栏组件实例　　　　　　　　图 10-38　输入名称

(4) 在【组件】面板中拖动一个 Label 组件到舞台中 ProgressBar 组件的左上方，如图 10-39 所示。

(5) 在其【属性】面板输入实例名称"bfb"，在【组件参数】选项卡中将 text 参数的值清空，如图 10-40 所示。

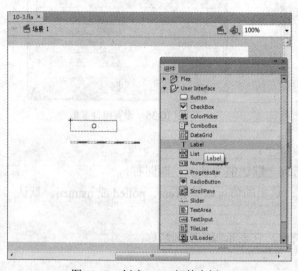

图 10-39　创建 Label 组件实例　　　　　　　　图 10-40　输入名称并设置属性

(6) 在时间轴上选中第 1 帧，打开【动作】面板，输入代码，如图 10-41 所示。

(7) 按下 Ctrl+Enter 组合键测试动画效果，如图 10-42 所示。

图 10-41 输入代码

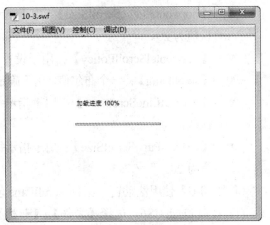

图 10-42 测试影片效果

10.2.7 使用滚动窗格组件 ScrollPane

如果需要在 Flash 文档中创建一个能显示大量内容的区域，但又不能为此占用过大的舞台空间，就可以使用滚动窗格组件 ScrollPane。在 ScrollPane 组件中可以添加有垂直或水平滚动条的窗口，用户可以将影片剪辑、JPEG、PNG、GIF 或者 SWF 文件导入到该窗口中。

在【组件】面板中选择滚动窗格组件 ScrollPane，将其拖到舞台中即可创建一个滚动窗格组件的实例，如图 10-43 所示。选中舞台中的滚动窗格组件实例后，其【属性】面板如图 10-44 所示。

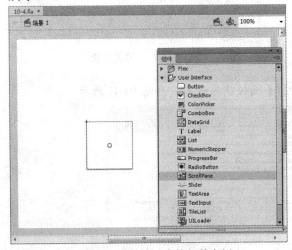

图 10-43 创建滚动窗格组件实例

图 10-44 设置组件参数

其【组件参数】选项卡中的主要参数设置如下。

- ⊙ 【horizontalLineScrollSize】：用于指示每次单击箭头按钮时水平滚动条移动的像素值，默认值为 5。

- 【horizontalPageScrollSize】：用于指示每次单击轨道时水平滚动条移动的像素值，默认值为 20。
- 【horizontalScrollPolicy】：用于设置水平滚动条是否显示。
- 【scrollDrag】：一个布尔值，用于确定当用户在滚动窗格中拖动内容时是否发生滚动。
- 【verticalLineScrollsize】：用于指示每次单击箭头按钮时垂直滚动条移动的像素值，默认值为 5。
- 【verticalPageScrollSize】：用于指示每次单击轨道时垂直滚动条移动的单位数，默认值为 20。"

【例 10-6】使用滚动窗格组件 ScrollPane 创建一个图片窗口。

(1) 启动 Flash CS6，选择【文件】|【新建】命令，新建一个 Flash 文档。

(2) 选择【窗口】|【组件】命令，打开【组件】面板，拖动滚动窗格组件 ScrollPane 到舞台中，如图 10-45 所示。

(3) 在其【属性】面板中，输入实例名称为 "aSp"，如图 10-46 所示。

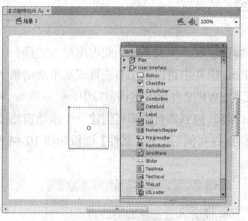

图 10-45　创建滚动窗格组件实例

图 10-46　输入名称

(4) 在时间轴上选中第 1 帧，然后打开【动作】面板输入代码，如图 10-47 所示。

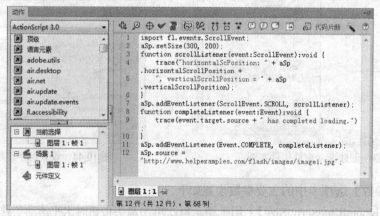

```
import fl.events.ScrollEvent;
aSp.setSize(300, 200);
function scrollListener(event:ScrollEvent):void {
    trace("horizontalScPosition: " + aSp
.horizontalScrollPosition +
    ", verticalScrollPosition = " + aSp
.verticalScrollPosition);
}
aSp.addEventListener(ScrollEvent.SCROLL, scrollListener);
function completeListener(event:Event):void {
    trace(event.target.source + " has completed loading.")
}
aSp.addEventListener(Event.COMPLETE, completeListener);
aSp.source =
"http://www.helpexamples.com/flash/images/image1.jpg";
```

图 10-47　输入代码

(5) 按下 Ctrl+Enter 键预览效果，窗口中的图像能够根据用户的鼠标或键盘动作改变显示位置，如图 10-48 所示。另外，在打开的【输出】对话框中将会自动反映用户的动作，如图 10-49 所示。

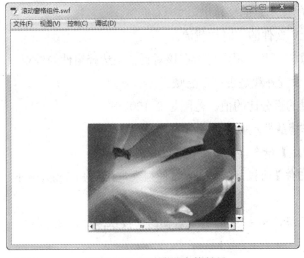

图 10-48 测试滚动窗格效果

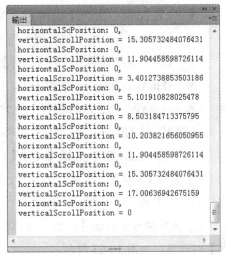

图 10-49 【输出】对话框

10.3 视频类组件应用

除了 UI 组件之外，在 Flash CS6 的【组件】窗口中还包含了 Video 组件，即视频组件。该组件主要用于控制导入到 Flash CS6 中的视频，其中主要包括了使用视频播放器组件 FLVplayback 和一系列用于视频控制的按键组件。通过 FLVplayback 组件，可以将视频播放器包括在 Flash CS6 应用程序中，以便播放通过 HTTP 渐进式下载的 Flash 视频(FLV)文件。

将 Video 组件下的 FLVplayback 组件拖入到舞台中即可使用该组件，如图 10-50 所示。选中舞台中的视频组件实例后，其【属性】面板如图 10-51 所示。

图 10-50 创建 FLVplayback 组件实例

图 10-51 设置组件参数

该【组件参数】选项卡中主要参数设置如下。

◉ autoPlay：是一个用于确定 FLV 文件播放方式的布尔值。如果是 ture，则该组件将在加载 FLV 文件后立即播放；如果是 false，则该组件会在加载第 1 帧后暂停。

◉ CuePoints：是一个描述 FLV 文件的提示点的字符串。

◉ isLive：一个布尔值，用于指定 FLV 文件的实时加载流。

◉ skin：该参数用于打开【选择外观】对话框，用户可以在该对话框中选择组件的外观。

◉ skinAutoHide：一个布尔值，用于设置外观是否可以隐藏。

◉ volume：用于表示相对于最大音量的百分比的值，范围是 0~100。

【例 10-7】使用 FLVplayback 组件制作播放器动画。

(1) 启动 Flash CS6，选择【文件】|【新建】命令，新建一个 Flash 文档。

(2) 选择【窗口】|【组件】命令，打开【组件】面板，在 Video 组件列表中拖动 FLVplayback 组件到舞台中央，如图 10-52 所示。

(3) 选中舞台中的组件，打开【属性】面板，单击 Skin 选项右侧的 按钮，打开【选择外观】对话框，如图 10-53 所示。

图 10-52　创建 FLVplayback 组件实例

图 10-53　单击按钮

(4) 在该对话框中打开【外观】下拉列表框，选择所需的播放器外观后，单击【确定】按钮，如图 10-54 所示。

(5) 返回【属性】面板，单击 source 选项右侧的 按钮，如图 10-55 所示。

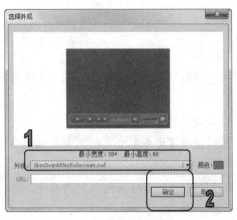

图 10-54 选择播放器外观　　　　　　图 10-55 单击按钮

(6) 打开【内容路径】对话框，单击其中的 ■ 按钮，打开【浏览源文件】对话框，如图 10-56 所示。

(7) 在该对话框中选择视频文件，然后单击【确定】按钮，如图 10-57 所示。

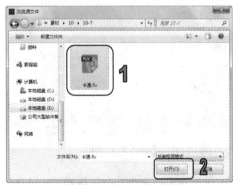

图 10-56 单击按钮　　　　　　　　图 10-57 选择视频文件

(8) 返回【内容路径】对话框，选中【匹配源尺寸】复选框，然后单击【确定】按钮即可将视频文件导入组件，如图 10-58 所示。

(9) 按下 Ctrl+Enter 键，测试动画的效果，如图 10-59 所示。

图 10-58 选中【匹配源尺寸】复选框　　　图 10-59 测试动画效果

计算机 基础与实训教材系列

10.4 上机练习

本章的上机实验主要练习制作注册界面动画，使用户更好地掌握 Flash CS6 的各类组件应用，以及使用 ActionScript 语言代码等相关操作内容。

(1) 启动 Flash CS6，选择【新建】|【文档】命令，新建一个文档。

(2) 将舞台尺寸设置为"300 像素×240 像素"，然后使用【文本】工具输入有关注册信息的文本内容，如图 10-60 所示。

(3) 选择【窗口】|【组件】命令，打开【组件】面板，拖动 TextArea 组件到舞台中，选择【任意变形】工具，调整组件合适大小，如图 10-61 所示。

图 10-60 【导入】对话框

图 10-61 插入 TextArea 组件

(4) 使用相同的方法，分别拖动 CheckBox、RadioButton、ComboBox 和 TextArea 组件到舞台中，然后在舞台中调整组件至合适大小，如图 10-62 所示。

(5) 选中文本内容【性别：】右侧的 RadioButton 组件，打开其【属性】面板，选中 selected 复选框，设置 label 参数为【男】，如图 10-63 所示。

图 10-62 插入各种组件

图 10-63 设置组件参数

（6）使用相同的方法，设置另一个 RadioButton 组件的 label 参数为【女】，如图 10-64 所示。

（7）选中 ComboBox 组件，打开其【属性】面板，在【实例名称】文本框中输入实例名称 "hyzk"。在【组件参数】选项卡中设置 rowCount 参数为 "2"，如图 10-65 所示。

图 10-64　设置组件参数

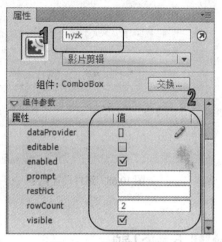

图 10-65　设置组件参数

（8）右击第 1 帧，在弹出的快捷菜单中选择【动作】命令，打开【动作】面板，输入代码，如图 10-66 所示。

（9）分别选中文本内容【爱好：】右侧的 CheckBox 组件，设置 label 参数分别为【旅游】、【运动】、【阅读】和【唱歌】，如图 10-67 所示。

图 10-66　输入代码

图 10-67　设置组件参数

（10）此时，在舞台中各个组件的显示如图 10-68 所示。

（11）按下 Ctrl+Enter 键，测试动画效果：可以在【用户名】文本框内输入名称，在【性别】单选按钮中选择选项，在【婚姻状况】下拉列表中选择选项，在【爱好】复选框中选择选项，在【专长】和【电子邮箱】文本框内输入文本内容，如图 10-69 所示。

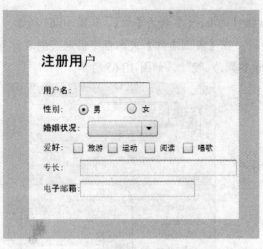

图 10-68　组件设置完毕

图 10-69　测试动画效果

⑩.5　习题

1. 简述组件的基本操作。
2. 新建文档，添加 UI 组件，制作考卷界面。
3. 新建文档，添加视频组件，制作视频播放器。

第11章

Flash 影片后期处理

学习目标

在 Flash CS6 中，制作完动画影片后，可以将影片导出或发布。发布影片前对动画影片进行测试可以确保影片播放的准确率。对影片进行适当的优化处理，可以保证在不影响影片质量的前提下获得最快的影片播放速度。本章主要介绍导出、测试、优化、发布 Flash 动画影片的操作内容。

本章重点

- ⊙ 测试影片
- ⊙ 优化影片
- ⊙ 影片的发布格式
- ⊙ 导出影片
- ⊙ 导出图像

11.1 测试影片

用户在发布 Flash 影片之前应养成测试影片的习惯，测试影片可以确保影片播放的平滑。使用 Flash CS6 提供的一些优化影片和排除动作脚本故障的工具，可以对动画影片进行测试。

11.1.1 测试影片概述

Flash CS6 的集成环境中提供了测试影片环境，可以在该环境进行一些比较简单的测试工作，如测试按钮的状态、主时间轴上的声音、主时间轴上的帧动作、主时间轴上的动画、动画剪辑、动作、动画速度以及下载性能等。

提示

　　根据测试对象的不同，测试影片可以分为测试影片、测试场景、测试环境、测试动画功能和测试动画作品下载性能。

测试影片时，主要注意以下几点。

- 测试影片与测试场景实际上是产生.swf 文件，并将它放置在与编辑文件相同的目录下。如果测试文件运行正常，且希望将它用作最终文件，那么可将它保存在硬盘中，并加载到服务器上。

- 测试环境，可以选择【控制】|【测试影片】或【控制】|【测试场景】命令进行场景测试，虽然仍然是在 Flash 环境中，但界面已经改变，因为是测试环境而非编辑环境。

- 在测试影片期间，应当完整地观看作品并对场景中所有的互动元素进行测试，查看动画有无遗漏、错误或不合理。

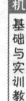

⑪.1.2　测试影片和场景

Flash 系统自定义了测试影片和场景的选项，默认情况下完成测试会产生 SWF 文件，此文件会自动存放在当前编辑文件相同的目录中。

1. 测试影片

要测试整个动画影片，可以选择【控制】|【测试影片】|【调试】命令，或者按 Ctrl+Enter 组合键进入调试窗口，进行动画测试。Flash 将自动导出当前动画，弹出新窗口播放动画，如图 11-1 所示。

图 11-1　测试影片

图 11-2　测试场景

2. 测试场景

要测试当前场景，可以选择【控制】|【测试场景】命令，Flash 自动导出当前动画的当前场景，用户在打开的新窗口中进行动画测试，如图 11-2 所示。

完成对当前影片或场景的测试后，系统会自动在当前编辑文件所在文件目录中生成测试文件。例如，对【多场景动画】文件进行了影片和【场景 2】的测试，则会在【多场景动画.fla】文件所在的文件夹中，增添有【多场景动画.swf】影片测试文件和【多场景动画_场景 2.swf】场景测试文件，如图 11-3 所示。

图 11-3　生成测试文件

 提示

如果 Flash 中包含有 ActionScript 语言，则要选择【调试】|【调试影片】|【在 Flash Professional 中】命令，进入调试窗口测试，否则会弹出对话框提示用户无法进行调试。

(11).1.3　测试影片下载功能

随着网络的发展，许多 Flash 作品都是通过网络进行传送的，因此下载性能非常重要。在网络流媒体播放状态下，如果动画所需的数据在到达某帧时仍未下载，影片的播放将会出现停滞。因此，在计划、设计和创建动画的同时要考虑到网络带宽的限制以及测试影片的下载性能。

打开一个 Flash 文档，选择【控制】|【测试影片】命令或【控制】|【测试场景】命令，打开测试窗口，然后选择【视图】|【下载设置】命令，在弹出的子菜单中选择一种带宽，用以测试动画在该带宽下的下载性能，如图 11-4 所示。

图 11-4　选择带宽

 提示

选择【视图】|【数据流图表】命令，则动画开始模拟在 Web 上放映，播放速度为上步操作所选择的连接带宽。

选择【视图】|【带宽设置】命令，将显示带宽设置的面板，显示了测试下载属性最重要的信息，如持续时间、预加载信息等，如图 11-5 所示。

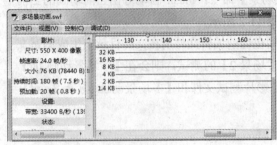

图 11-5　带宽设置

> **知识点**
>
> 　带宽设置可以提供关键的统计数字，以帮助用户查找流程中出现问题的区域，这些统计信息包括动画中单个帧的大小，从动画的实际起始点开始流动所需要的时间及何时开始播放等。

测试时间与编辑环境中的时间线在外观和功能上基本相似，但有一个明显的区别，即流动栏，如图 11-6 所示。与【视图】|【数据流图表】命令结合使用时，流动栏将显示出已下载到背景的动画量(用绿色栏表示)，而放映头则反映当前的放映位置。观察实际放映前面的流动栏，可以找到可能在流动中引起故障的区域或帧。

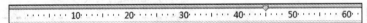

图 11-6　流动栏

选择【视图】|【帧数图表】命令或选择【视图】|【数据流图表】命令时，将出现帧的图形表示。灰色块表示动画中的帧，其高度表示帧的大小。没有块出现的区域表示无内容的帧(为空帧和没有运动或交互的帧)。两者的主要作用如下。

- ◉ 帧数图表：用图形表示时间线上各帧的大小，如图 11-7 所示。
- ◉ 数据流图表：可以用来确定在 Web 中下载的过程中，将出现暂停的区域。红线以上的块表示流动过程中可能引起暂停的区域，如果超出红色线条，则必须等待该帧加载后播放，如图 11-8 所示。

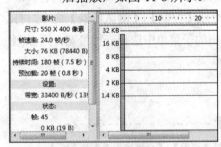

图 11-7　帧数图表

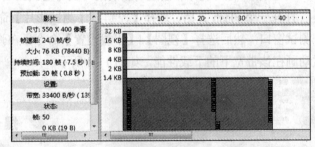

图 11-8　数据流图表

【例 11-1】打开【多场景动画】文档，在测试环境中测试影片下载性能。

(1) 打开【多场景动画】文档，选择【控制】|【测试影片】|【测试】命令，打开影片测试窗口，如图 11-9 所示。

(2) 选择【视图】|【下载设置】命令，在弹出的菜单中选择 14.4(1.2KB/s)命令，如图 11-10 所示。

图 11-9 测试影片窗口

图 11-10 选择 14.4(1.2KB/s)命令

(3) 选择【视图】|【带宽设置】命令,显示下载性能图表,如图 11-11 所示。其中,带宽设置左侧会显示关于影片的信息、影片设置及其状态;带宽配置右侧会显示时间轴标题和图表。选择【视图】|【帧数图表】命令,显示每个帧的大小,可以查看哪些帧导致数据流延迟。如果有些帧超出图表中的红线,Flash Player 将暂停播放直至整个帧下载完毕。

(4) 选择【视图】|【数据流图表】命令,显示哪一帧将引起暂停。默认视图显示代表每个帧的淡灰色和深灰色交替的块。每块的旁边表明它的相对字节大小,如图 11-12 所示。

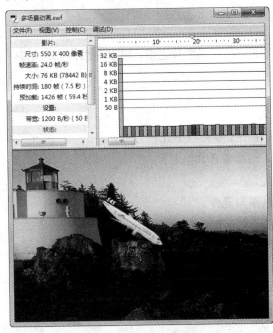

图 11-11 下载性能图表

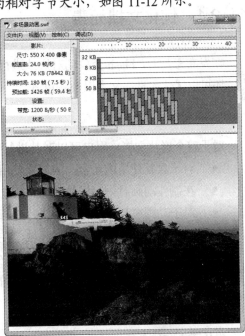

图 11-12 数据流图表

(5) 选择【视图】|【下载设置】|【自定义】命令,打开【自定义下载设置】对话框。可以继续输入需要的测试速度和模拟比特率,如图 11-13 所示。

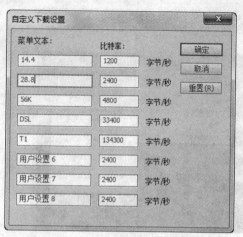

图 11-13 【自定义下载设置】对话框

提示

创建了自定义测试速度后，在【视图】|【下载设置】的子菜单中将显示相应的选项。

11.2 优化影片

优化影片主要是为了缩短影片下载和回放时间，影片的下载和回放时间与影片文件的大小成正比。

11.2.1 优化文档元素

在发布影片时，Flash 会自动对影片进行优化处理。在导出影片之前，可以在总体上优化影片，还可以优化元素、文本以及颜色等。

1. 优化影片整体

对于整个影片文档，用户可以对其进行整体优化，主要有以下几种方式。

- 对于重复使用的元素，应尽量使用元件、动画或者其他对象。
- 在制作动画时，应尽量使用补间动画形式。
- 对于动画序列，最好使用影片剪辑而不是图形元件。
- 限制每个关键帧中的改变区域，在尽可能小的区域中执行动作。
- 避免使用动画位图元素，或使用位图图像作为背景或静态元素。
- 尽可能使用 MP3 这种占用空间小的声音格式。

2. 优化元素和线条

优化元素和线条的方法有以下几种。

- 尽量将元素组合在一起。
- 对于随动画过程改变的元素和不随动画过程改变的元素，可以使用不同的图层分开。
- 使用【优化】命令，减少线条中分隔线段的数量。

计算机 基础与实训教材系列

- 尽可能少地使用诸如虚线、点状线、锯齿状线之类的特殊线条。
- 尽量使用【铅笔】工具绘制线条。

3. 优化文本和字体

优化文本和字体的方法有以下几种。

- 尽可能使用同一种字体和字形，减少嵌入字体的使用。
- 对于【嵌入字体】选项只选中需要的字符，不要包括所有字体。

4. 优化颜色

优化颜色的方法有以下几种。

- 使用【颜色】面板，匹配影片的颜色调色板与浏览器专用的调色板。
- 减少渐变色的使用。
- 减少 Alpha 透明度的使用，会减慢影片回放的速度。

5. 优化动作脚本

优化动作脚本的方法有以下几种。

- 在【发布设置】对话框的 Flash 选项卡中，选中【省略 trace 语句】复选框。这样在发布影片时就不使用 trace 动作。
- 定义经常重复使用的代码为函数。
- 尽量使用本地变量。

11.2.2　优化动画性能

在制作 Flash 动画的过程中，有些因素会影响动画的性能。根据实际条件，对这些因素进行最佳选择来优化动画性能。

1. 使用位图缓存

在以下情况下使用位图缓存，可以优化动画性能。

- 在滚动文本字段中显示大量文本时，将文本字段放置在滚动框设置为可滚动的影片剪辑中，能够加快指定实例的像素滚动。
- 包含矢量数据的复杂背景图像时，可以将内容存储在硬盘剪辑中，然后将 opaqueBackground 属性设置为 true，背景将呈现为位图，可以迅速重新绘制，更快地播放动画。

2. 使用滤镜

在文档中使用太多滤镜，会占用大量内存，从而影响动画性能。如果出现内存不足的错误，会出现以下情况。

- 忽略滤镜数组。
- 使用常规矢量渲染器绘制影片剪辑。
- 影片剪辑不缓存任何位图。

3. 使用运行时共享库

用户可以使用运行时共享库来缩短下载时间。对于较大的应用程序，使用相同的组件或元件时，这些库通常是必需的。库将放在用户计算机的缓存中，所有后续 SWF 文件将使用该库，对于较大的应用程序，这一过程可以快速缩短下载时间。

11.3 发布影片

用 Flash CS6 制作的动画为 FLA 格式，在默认情况下，使用【发布】命令可创建 SWF 文件以及将 Flash 影片插入浏览器窗口所需的 HTML 文档。Flash CS6 还提供了多种其他发布格式，可以根据需要选择发布格式并设置发布参数。

11.3.1 发布设置

在发布 Flash 文档之前，首先需要确定发布的格式并设置该格式的发布参数才可进行发布。在发布 Flash 文档时，最好先为要发布的 Flash 文档创建一个文件夹，将要发布的 Flash 文档保存在该文件夹中；然后选择【文件】|【发布设置】命令，打开【发布设置】对话框，如图 11-14 所示。

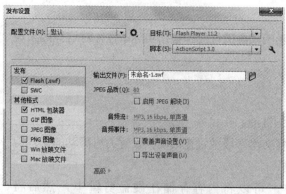

图 11-14 【发布设置】对话框

> **提示**
>
> 在默认情况下，Flash(SWF)和 HTML 复选框处于选中状态，这是因为在浏览器中显示 SWF 文件，需要相应的 HTML 文件支持。

在【发布设置】对话框中提供了多种发布格式，当选择了某种发布格式后，若该格式包含参数设置，则会显示相应的格式选项卡，用于设置其发布格式的参数，如图 11-15 所示。

默认情况下，在发布影片时会使用文档原有的名称，如果需要命名新的名称，可在【输出文件】文本框中输入新的文件名。不同格式文件的扩展名不同，在自定义文件名的时候注意不要修改扩展名，如图 11-16 所示。

图 11-15　发布格式

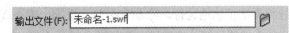

图 11-16　输入新文件名

完成基本的发布设置后，单击【确定】按钮，可保存设置但不进行发布。选择【文件】|【发布】菜单命令，或按 Shift+F12 组合键，或直接单击【发布】按钮，Flash CS6 会将动画文件发布到源文件所在的文件夹中，如图 11-17 所示。如果在更改文件名时设定了存储路径，Flash CS6 会将文件发布到该路径所指向的文件夹中。

图 11-17　单击【发布】按钮

11.3.2　设置 Flash 发布格式

SWF 动画格式是 Flash CS6 自身的动画格式，也是输出动画的默认形式。在输出动画的时候，选中 Flash 复选框出现其选项卡，单击 Flash 选项卡中的【高级】按钮展开选项，可以设定 SWF 动画的图像和声音压缩比例等参数，如图 11-18 所示。

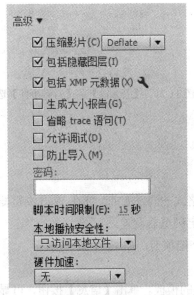

图 11-18　展开【高级】选项

图 11-19　【目标】下拉列表框

Flash 选项卡中的主要参数选项的具体作用如下。

计算机 基础与实训教材系列

- 【目标】下拉列表框：可以选择所输出的 Flash 动画的版本，范围从 Flash Player 1~11.2 和 Flash lite 1.0~4.0 以及 AIR 系列，如图 11-19 所示。因为 Flash 动画的播放是靠插件支持的，如果用户系统中没有安装高版本的插件，那么使用高版本输出的 Flash 动画在此系统中不能被正确地播放。如果使用低版本输出，那么 Flash 动画所有的新增功能将无法正确地运行。除非有必要，否则一般不提倡使用低版本输出 Flash 动画。

- 【高级】选项区域：该项目主要包括一组复选框。选中【防止导入】复选框可以有效地防止所生成的动画文件被其他人非法导入到新的动画文件中继续编辑。在选中此项后，对话框中的【密码】文本框被激活，在其中可以加入导入此动画文件时所需要的密码。以后当文件被导入时，就会要求输入正确的密码。选中【压缩影片】复选框后，在发布动画时对视频进行压缩处理，使文件便于在网络上快速传输。选中【省略 trace 语句】复选框可以忽略在调试 Flash 动画的脚本时经常要使用的跟踪动作，避免查找并删除跟踪动作的过程。选中【允许调试】复选框后允许在 Flash CS6 的外部跟踪动画文件，而且对话框的密码文本框也被激活，可以在此设置密码。选中【压缩影片】复选框，可压缩 Flash 影片减小文件大小，以缩短下载时间。选中【包括隐藏图层】复选框，可以将 Flash 动画中的隐藏层导出。【脚本时间限制】文本框内可以输入需要的数值，用于限制脚本的运行时间。

- 【JPEG 品质】选项：调整【JPEG 品质】数值，可以设置位图文件在 Flash 动画中的 JPEG 压缩比例和画质，如图 11-20 所示。用户可以根据动画的用途在文件大小和画面质量之间选择一个折中的方案。

- 【音频流】和【音频事件】选项：可以为影片中所有的音频流或事件声音设置采样率、压缩比特率以及品质，如图 11-21 所示。

计算机 基础与实训教材系列

图 11-20 【JPEG 品质】选项　　　　图 11-21 【音频流】和【音频事件】选项

⑪.3.3 设置 HTML 发布格式

在默认情况下，HTML 文档格式是随 Flash 文档格式一同发布的。要在 Web 浏览器中播放 Flash 电影，则必须创建 HTML 文档、激活电影和指定浏览器设置。

选中【HTML 包装器】复选框，即可打开 HTML 选项卡，如图 11-22 所示。

其中各参数设置选项功能如下。

- 【模板】下拉列表框：用来选择一个已安装的模板。单击【信息】按钮，可显示所选模板的说明信息。在相应的下拉列表中，选择要使用的设计模板，这些模板文件均位于 Flash 应用程序文件夹的 HTML 文件夹中，如图 11-23 所示。

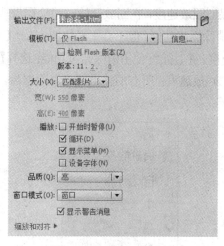

图 11-22　HTML 选项卡

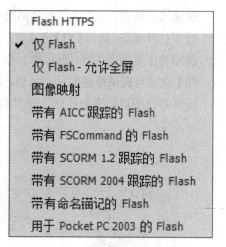

图 11-23　【模板】下拉列表框

- 【检测 Flash 版本】复选框：用来检测打开当前影片所需要的最低的 Flash 版本。选中该复选框后，【版本】选项区域中的两个文本框将处于可输入状态，用户可以在其中输入代表版本序号的数字，如图 11-24 所示。

- 【大小】下拉列表框：可以设置影片的宽度和高度属性值。选择【匹配影片】选项后，将浏览器中的尺寸设置与电影等大，该选项为默认值；选择【像素】选项后，允许在【宽】和【高】文本框中输入像素值；选择【百分比】选项后，允许设置和浏览器窗口相对大小的电影尺寸，用户可在【宽】和【高】文本框中输入数值确定百分比，如图 11-25 所示。

图 11-24　【检测 Flash 版本】复选框

图 11-25　【大小】下拉列表框

- 【播放】选项区域：可以设置循环、显示菜单和设计字体参数。选中【开始时暂停】复选框后，电影只有在访问者启动时才播放。访问者可以通过单击电影中的按钮或右击后，在其快捷菜单中选择【播放】命令来启动电影。在默认情况下，该选项被关闭，这样电影载入后立即可以开始播放。选中【循环】复选框后，电影在到达结尾后又从头开始播放。清除该选项将使电影在到达末帧后停止播放。在默认情况下，该选项是选中的。选中【显示菜单】复选框后使用户在浏览器中右击后可以看到快捷菜单。在默认情况下，该选项被选中。选中【设备字体】复选框后将替换用户系统中未安装的系统字体。该选项在默认情况下为关闭，如图 11-26 所示。

- 【品质】下拉列表框：可在处理时间与应用消除锯齿功能之间确定一个平衡点，从而在将每一帧呈现给观众之前对其进行平滑处理。选择【低】选项，将主要考虑回放速度，而基本不考虑外观，并且从不使用消除锯齿功能；选择【自动降低】选项将主要强调速度，但也会尽可能改善外观；选择【自动升高】选项，会在开始时同等强调回放速度和外观，但在必要时会牺牲外观来保证回放速度，在回放开始时消除锯齿功能处于打开状态；选择【中】选项可运用一些消除锯齿功能，但不会平滑位图；选择【高】选项将主要考虑外观，而基本不考虑回放速度，并且始终使用消除锯齿功能；选择【最佳】选项可提供最佳的显示品质，但不考虑回放速度；所有的输出都已消除锯齿，并始终对位图进行平滑处理，如图 11-27 所示。

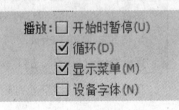
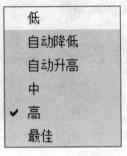

图 11-26 　【播放】选项区域　　　　　　图 11-27 　【品质】下拉列表框

- 【窗口模式】下拉列表框：在该下拉列表框中，允许使用透明电影等特性。该选项只有在具有 Flash ActiveX 控件的 Internet Explorer 中有效。选择【窗口】选项，可在网页上的矩形窗口中以最快速度播放动画；选择【不透明无窗口】选项，可以移动 Flash 影片后面的元素(如动态 HTML)，以防止它们透明；选择【透明无窗口】选项，将显示该影片所在的 HTML 页面的背景，透过影片的所有透明区域都可以看到该背景，但是这样将减慢动画，如图 11-28 所示。

- 【显示警告消息】复选框：用来在标记设置发生冲突时显示错误消息，譬如某个模板的代码引用了尚未制定的替代图像时，如图 11-29 所示。

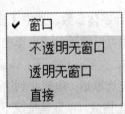
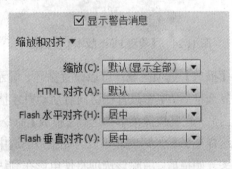

图 11-28 　【窗口模式】下拉列表框　　图 11-29 　【显示警告消息】复选框与【缩放和对齐】展开区域

- 【HTML 对齐】下拉列表框：在该下拉列表框中，可以通过设置对齐属性来决定 Flash 电影窗口在浏览器中的定位方式，确定 Flash 影片在浏览器窗口中的位置。选择【默认】选项，可以使影片在浏览器窗口内居中显示；选择【左对齐】、【右对齐】、【顶端】或【底边】选项，会使影片与浏览器窗口的相应边缘对齐，如图 11-29 所示。

- 【Flash 对齐】选项区域：可以通过【Flash 水平对齐】和【Flash 垂直对齐】下拉列表框设置如何在影片窗口内放置影片以及在必要时如何裁剪影片边缘，如图 11-29 所示。

11.3.4　设置 GIF 发布格式

GIF 是一种输出 Flash 动画较方便的方法，选择【发布设置】对话框中的【GIF 图像】复选框，在其选项卡里可以设定 GIF 格式输出的相关参数。

在 GIF 选项卡中，主要参数选项的具体作用如下。

- ◉ 【大小】选项区域：设定动画的尺寸。既可以使用【匹配影片】复选框进行默认设置，也可以自定义影片的高与宽，单位为像素，如图 11-30 所示。
- ◉ 【播放】选项区域：该选项用于控制动画的播放效果。选择【静态】选项后导出的动画为静止状态。选择【动画】选项可以导出连续播放的动画。此时如果选中右侧的【不断循环】单选按钮，动画可以一直循环播放；如果选中【重复】单选按钮，并在旁边的文本框中输入播放次数，可以让动画循环播放，当达到播放次数后，动画就停止播放，如图 11-31 所示。

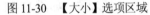

图 11-30　【大小】选项区域　　　　　　　　图 11-31　【播放】选项区域

- ◉ 【颜色】选项区域：该项目主要包括一组复选框。选择【优化颜色】复选框可以去除动画中不用的颜色。在不影响动画质量的前提下，将文件尺寸减小 1000~1500 字节，但是会增加对内存的需求。默认情况下，此项处于选中状态。选择【交错】复选框，可以在文件没有完全下载完之前显示图片的基本内容，在网速较慢时加快下载速度，但是对于 GIF 动画不能使用【交错】复选框。【交错】复选框不是默认选择。选择【平滑】复选框，可以减少位图的锯齿，使画面质量提高，但是平滑处理后会增大文件的大小。该项是默认选项。选择【抖动纯色】复选框，可使纯色产生渐变色效果。选择【删除渐变】复选框，可以使用渐变色中的第 1 种颜色代替渐变色，如图 11-32 所示。
- ◉ 【透明】下拉列表框：用于确定动画背景的透明度。选择【不透明】选项将背景以纯色方式显示。【不透明】选项是默认选择。选择【透明】选项使背景色透明。选择 Alpha 选项可以对背景的透明度进行设置，范围在 0~255 之间。在右边的文本框中输入一个数值，所有色彩指数低于设定值的颜色都将变得透明，高于设定值的颜色都将被部分透明化。
- ◉ 【抖动】下拉列表框：确定像素的合并形式。抖动可以提高画面的质量，但是会增加文件的大小。可以设置 3 种抖动方式，分别是：无、有序和扩散。对应的动画的质量依次从低到高。
- ◉ 【调色板类型】下拉列表框：在该列表框中选择一种调色板用于图像的编辑。除了可以在列表框中选择外，还可以在调色板中自定义颜色。
- ◉ 【最多颜色】文本框：如果选择最适色或接近网页的最适色，此文本框将变为可选，在其中填入 0~255 中的任一个数值，可以去除超过这一设定值的颜色。设定的数值较小则可以生成较小的文件，但是画面质量会较差，如图 11-33 所示。

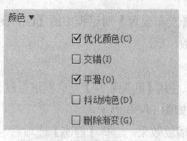

图 11-32　【颜色】选项区域

图 11-33　【最多颜色】文本框

11.3.5　设置 PNG 发布格式

PNG 格式是 Macromedia Fireworks 的默认文件格式。作为 Flash 中的最佳图像格式，PNG 格式也是唯一支持透明度的跨平台位图格式，如果没有特别指定，Flash 将导出影片中的首帧作为 PNG 图像。

选中【发布设置】对话框中的【PNG 图像】复选框，打开 PNG 选项卡，如图 11-34 所示。

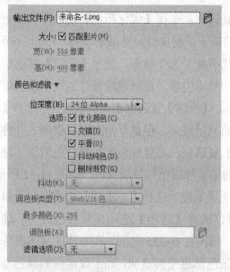

图 11-34　PNG 选项卡

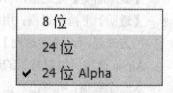

图 11-35　【位深度】下拉列表

该选项卡中的主要参数选项具体作用如下。

- 【大小】选项区域：可以设置导入的位图图像的大小。
- 【位深度】下拉列表框：可以指定在创建图像时每个像素所用的位素。图像位素决定用于图像中的颜色数。对于 256 色图像来说，可以选择【8 位】选项。如果要使用数千种颜色，要选【24 位】选项。如果颜色数超过数千种，还要求有透明度，则要选择【24 位 Alpha】选项，如图 11-35 所示。

- 　【选项】选项区域：包含一组复选框，可以为导出的 PNG 图像指定一种外观显示设置。选中【优化颜色】复选框将删除 PNG 的颜色表中所有未使用的颜色，从而减小最终的 PNG 文件的大小。

- 　【抖动】下拉列表框：如果选择 8 位的位深度，所获得的调色板中最多可包含 256 种颜色，如果正在导出的 PNG 使用的是当前调色板中没有的颜色，那么抖动可以通过混合可用的颜色来帮助模拟那些没有的颜色。

- 　【调色板类型】下拉列表框：通过选择适当的调色板，使得导出文件的颜色尽可能地准确。

- 　【最多颜色】文本框：如果选择最适色或接近网页的最适色，此文本框将变为可选，在其中填入 0~255 中的任一个数值，可以去除超过这一设定值的颜色。设定的数值较小则可以生成较小的文件，但是画面质量会较差。

- 　【滤镜选项】下拉列表框：在压缩过程中，PNG 图像会经过一个筛选的过程，此过程使图像以一种最有效的方式进行压缩。过滤可同时获得最佳的图像质量和文件大小。但是要使用此过程需要一些实践，通过选择【无】、【下】、【上】、【平均】、【线性函数】和【最合适】等不同的选项来比较它们之间的差异。

下面通过一个实例来介绍用其他格式来发布 Flash 文档。

【例 11-2】打开【飞机飞行效果】文档，将其以 HTML 格式进行发布预览。步骤如下。

(1) 打开【飞机飞行效果】文档，选择【文件】|【发布设置】命令，打开【发布设置】对话框。选中左侧列表框中的【HTML 包装器】复选框，如图 11-36 所示。

(2) 右侧显示设置选项，选择【大小】下拉列表框内的【百分比】选项，设置【宽】和【高】的百分比值都为 70，如图 11-37 所示。

图 11-36　选中【HTML 包装器】复选框

图 11-37　设置【大小】选项

(3) 取消选中【显示菜单】复选框，在【品质】下拉列表框内选择【高】选项，选择【窗口】模式，单击【确定】按钮，关闭【发布设置】对话框，如图 11-38 所示。

(4) 选择【文件】|【发布预览】| HTML 命令，打开浏览器窗口，显示动画，如图 11-39 所示。

图 11-38　设置选项　　　　　　　　　　　　　　　图 11-39　预览发布网页格式

11.4　导出影片和图像

在 Flash CS6 中导出影片，可以创建能够在其他应用程序中进行编辑的内容，并将影片直接导出为单一的格式。导出图像则可以将 Flash 图像导出为动态图像和静态图像。

11.4.1　导出影片

与发布影片不同，导出影片无须对背景音乐、图形格式以及颜色等进行单独设置，它可以把当前的 Flash 动画的全部内容导出为 Flash 支持的文件格式。要导出影片，可以选择【文件】|【导出】|【导出影片】命令，打开【导出影片】对话框，选择保存的文件类型和保存目录即可。

【例 11-3】打开【形状补间动画】文件，将该文件导出为 AVI 格式影片。步骤如下。

(1) 启动 Flash CS6，打开【形状补间动画】文件，如图 11-40 所示。

(2) 选择【文件】|【导出】|【导出影片】命令，打开【导出影片】对话框，选择【保存类型】为【Windows AVI】格式选项。设置导出影片路径和名称，然后单击【保存】按钮，如图 11-41 所示。

 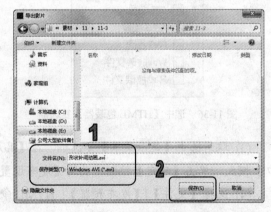

图 11-40　打开文件　　　　　　　　　　　　　　　图 11-41　【导出影片】对话框

(3) 打开【导出 Windows AVI】对话框，对参数选项进行设置后单击【确定】按钮，如图 11-42 所示。

(4) 系统会打开【正在导出 AVI 影片】对话框，显示导出影片进度，如图 11-43 所示。

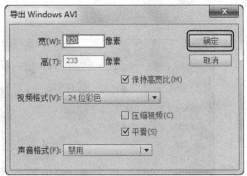

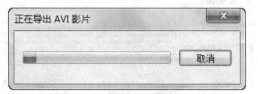

图 11-42　【导出 Windows AVI】对话框　　　　图 11-43　【正在导出 AVI 影片】对话框

(5) 完成导出后，打开保存文件目录，双击【形状补间动画.avi】文件播放影片，如图 11-44 所示。

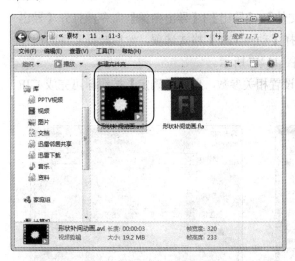

图 11-44　播放 AVI 影片

11.4.2　导出图像

Flash 可以将图像导出为动态图像和静态图像。一般情况下，导出的动态图像可选择 GIF 格式，导出的静态图像可选择 JPEG 格式。

1. 导出静态图像

要导出静态图像，可以选择【文件】|【导出】|【导出图像】命令，打开【导出图像】对话框，在【保存类型】下拉列表中选择【JPEG 图形】格式选项，然后选择文件的保存路径，输

入文件名称，单击【保存】按钮，如图 11-45 所示。然后会打开【导出 JPEG】对话框，设置参数后单击【确定】按钮即可完成导出位图，如图 11-46 所示。

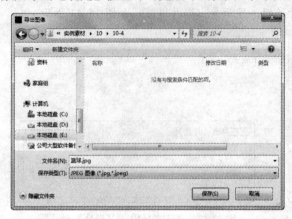
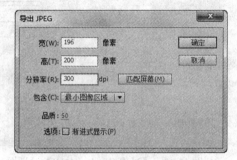

图 11-45　【导出图像】对话框　　　　　　图 11-46　【导出 JPEG】对话框

2. 导出动态图像

如果要导出 GIF 动态图像，可以选择【文件】|【导出】|【导出图像】命令，打开【导出图像】对话框，在【保存类型】下拉列表中选择【动画 GIF】格式选项，然后选择文件的保存路径，输入文件名称，单击【保存】按钮，如图 11-47 所示。

打开【导出 GIF】对话框，在该对话框中设置相关参数，单击【确定】按钮即可完成 GIF动画图形的导出，如图 11-48 所示。

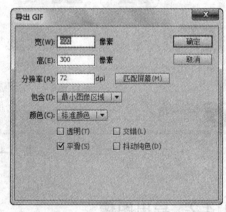

图 11-47　【导出图像】对话框　　　　　　图 11-48　【导出 GIF】对话框

【导出 GIF】对话框中各参数的作用如下。

- ◉ 【宽】和【高】：GIF 动画的高和宽大小。
- ◉ 【分辨率】：GIF 动画的分辨率。单击【匹配屏幕】按钮可以符合屏幕的分辨率。
- ◉ 【包含】：可以选择【最小图像区域】和【完整文档大小】选项。
- ◉ 【颜色】：设置 GIF 动画的颜色，默认选择 256 色【标准颜色】选项。颜色越多，图像越清楚，文件也会变大。

- ◉ 【透明】：去除文件背景颜色。
- ◉ 【交错】：交错图像会在网络查看中迅速以低分辨率出现，然后在下载过程中过渡到高分辨率。
- ◉ 【平滑】：消除图像锯齿。
- ◉ 【抖动纯色】：补偿当前色板中没有的颜色。

在导出图像时，应注意以下两点。

- ◉ 在将 Flash 图像导出为矢量图形文件(如 Adobe Illustrator 格式)时，可以保留其矢量信息。并能够在其他基于矢量的绘画程序中编辑这些文件，但是不能将这些图像导入到字处理程序中。
- ◉ 将 Flash 图像保存为位图 GIF、JPEG、PICT (Macintosh)或 BMP (Windows)文件时，图像会丢失其矢量信息，仅以像素信息保存。用户可以在其他图像编辑器(如 Photoshop)中编辑导出为位图的 Flash 图像，但不能再在基于矢量的绘画程序中对其进行编辑。

11.5 上机练习

本章的上机实验主要练习将逐帧动画文件以 GIF 格式导出，并将其中元件以 JPEG 格式导出，使用户能够更好地掌握和理解导出影片和图像的相关操作知识。具体步骤如下。

(1) 启动 Flash CS6，打开【逐帧动画】文档。选择【文件】|【导出】|【导出影片】命令，打开【导出影片】对话框，设置【保存类型】选项为【GIF 动画】选项，设置保存目录，然后单击【保存】按钮，如图 11-49 所示。

(2) 打开【导出 GIF】对话框，应用该对话框的默认参数选项设置，单击【确定】按钮，如图 11-50 所示。

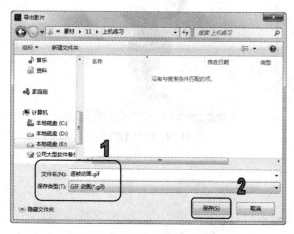

图 11-49　【导出影片】对话框

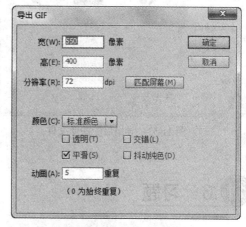

图 11-50　【导出 GIF】对话框

(3) 系统会打开【正在导出 GIF】对话框，显示导出影片进度。

(4) 完成导出 GIF 格式后，选中第 1 帧里的男孩图像，选择【文件】|【导出】|【导出图像】命令，打开【导出图像】对话框，在【保存类型】下拉列表中选择【JPEG 图形】格式选项，然后选择文件的保存路径，输入名称"男孩"，单击【保存】按钮，如图 11-51 所示。

(5) 打开【导出 JPEG】对话框，应用该对话框的默认参数选项设置，单击【确定】按钮即可完成导出 JPEG，如图 11-52 所示。

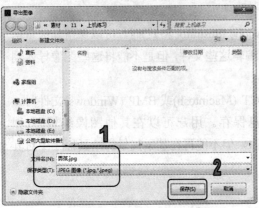

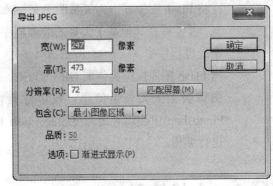

图 11-51 【导出图像】对话框　　　　　　　　图 11-52 【导出 JPEG】对话框

(6) 在保存目录中可以显示保存好的【男孩.jpg】和【逐帧动画.gif】图像文件，如图 11-53 所示。

(7) 分别双击图像文件将其打开。如图 11-54 所示为打开的【逐帧动画.gif】图像文件。

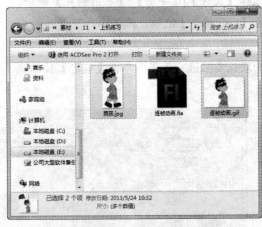

图 11-53 导出后的图像文件　　　　　　　　图 11-54 打开 GIF 文件

11.6 习题

1. 简述测试 Flash 影片的注意点。

2. 如何优化 Flash 影片文档中的元素？

3. 创建一个 Flash 影片，测试其下载性能，最后将其导出为 HTML 文件格式。

第12章

Flash 综合实例应用

学习目标

Flash CS6 广泛应用于网络动画制作，在本章中将帮助读者巩固 Flash CS6 制作动画的一些重要知识点，主要包括绘图工具的使用、动作脚本语言的编写、遮罩动画和补间动画制作等。运用相关知识，应用实例来更好地掌握 Flash CS6 相关操作知识。

本章重点

- ◉ 使用绘图工具
- ◉ 使用 3D 工具
- ◉ 制作传统补间动画
- ◉ 制作补间动画
- ◉ 制作遮罩动画
- ◉ 应用 Actionscript 3.0 语言
- ◉ 调用外部类语言
- ◉ 导入多媒体元素

12.1 制作 3D 旋转相册

新建文件，应用 3D 旋转功能和【动画编辑器】面板，创建补间动画，来制作 3D 旋转的电子相册动画。操作步骤如下。

(1) 启动 Flash CS6 程序，选择【文件】|【新建】命令，新建一个文件。

(2) 在舞台上右击，在弹出的快捷菜单中选择【文档属性】命令，打开【文档设置】对话框，设置【尺寸】为 500 像素×400 像素，如图 12-1 所示。

(3) 选择【文件】|【导入】|【导入到舞台】命令，打开【导入】对话框，选择【背景】文件，单击【打开】按钮，将图片导入到舞台上，如图 12-2 所示。

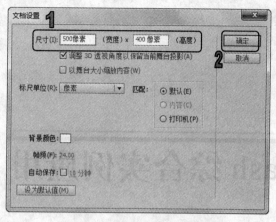

图 12-1 【文档设置】对话框

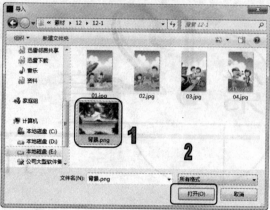

图 12-2 【导入】对话框

(4) 选择【文件】|【导入】|【导入到库】命令，打开【导入到库】对话框，在该对话框中选中 01.jpg~04.jpg 文件，然后单击【打开】按钮将图像导入到库中，如图 12-3 所示。

(5) 选择【插入】|【新建元件】命令，打开【创建新元件】对话框。将【名称】修改为"图片 1"，【类型】设置为【影片剪辑】元件，如图 12-4 所示。

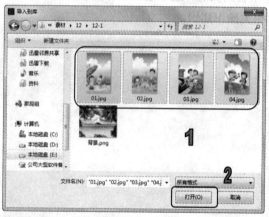

图 12-3 【导入到库】对话框

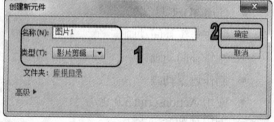

图 12-4 【创建新元件】对话框

(6) 进入【图片 1】元件编辑模式，选择【工具】面板里的【基本矩形】工具，在其【属性】面板上设置【笔触颜色】为灰色，【填充颜色】为无，【矩形边角半径】为 10，如图 12-5 所示。

(7) 在舞台上绘制一个宽 200、高 300 的矩形，并设置其 X 和 Y 坐标都为 0，如图 12-6 所示。

(8) 在【时间轴】面板上新建图层，在【库】面板中选择 01.jpg 图片文件，将其拖入到舞台中，然后在其【属性】面板上设置其 X 和 Y 坐标都为 10，如图 12-7 所示。

(9) 返回场景，用相同的方法，创建名为【图片 2】、【图片 3】、【图片 4】的影片剪辑元件，然后将 02.jpg、03.jpg、04.jpg 图片拖入到相应影片剪辑中，如图 12-8 所示。

图 12-5　设置【矩形】工具

图 12-6　绘制矩形

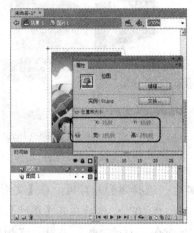

图 12-7　设置位图位置

图 12-8　创建影片剪辑元件

(10) 返回场景，新建【相册】影片剪辑，将【图片 4】影片剪辑拖入到舞台中，打开【变形】面板，设置【3D 旋转】组中的 X、Y、Z 坐标分别为 "0、90、0"，如图 12-9 所示。

(11) 然后在其【属性】面板中设置【3D 定位和查看】组中的 X、Y、Z 坐标分别为 "0、–150、200"，如图 12-10 所示。

图 12-9　设置【3D 旋转】坐标

图 12-10　设置【3D 定位和查看】坐标

(12) 新建图层，将【图片 3】影片剪辑元件拖入到舞台中，选择该影片剪辑，在【变形】面板中设置【3D 旋转工具】组中的 X、Y、Z 坐标分别为"0、90、0"；然后在其【属性】面板中设置【3D 定位和查看】组中的 X、Y、Z 坐标分别为"0、-150、0"。此时，【相册】影片剪辑如图 12-11 所示。

(13) 继续新建图层，将【图片 2】影片剪辑拖入舞台，选择该影片剪辑，在【变形】面板中设置【3D 旋转工具】组中的 X、Y、Z 坐标分别为"0、0、0"；然后在其【属性】面板中设置【3D 定位和查看】组中的 X、Y、Z 坐标分别为"0、-150、0"。此时，【相册】影片剪辑如图 12-12 所示。

图 12-11　设置坐标

图 12-12　设置坐标

(14) 继续新建图层，将【图片 1】影片剪辑拖入舞台，选择该影片剪辑，在【变形】面板中设置【3D 旋转工具】组中的 X、Y、Z 坐标分别为"0、0、0"；然后在其【属性】面板中设置【3D 定位和查看】组中的 X、Y、Z 坐标分别为"-200、-150、0"。此时，【相册】影片剪辑如图 12-13 所示。

(15) 返回场景，新建图层，将【相册】影片剪辑拖入到舞台中，然后在其【属性】面板中设置其 X 和 Y 坐标均为"0"，【3D 定位和查看】组中的 X、Y、Z 坐标分别为"275、200、0"，如图 12-14 所示。

图 12-13　设置坐标

图 12-14　设置坐标

(16) 分别选择【图层 1】和【图层 2】的第 50 帧，选择【插入】|【时间轴】|【帧】命令，插入普通帧。然后右击【图层 2】的第 1 帧，在弹出的快捷菜单中选择【创建补间动画】命令，创建补间动画。然后再次右击第 1 帧，在弹出快捷菜单中选择【3D 补间】命令，如图 12-15 所示。

(17) 右击【图层 2】第 50 帧，选择【插入关键帧】|【旋转】命令，插入三维补间动画的关键帧。然后打开【动画编辑器】面板，在【基本动画】组中设置【旋转 Y】为 360 度，如图 12-16 所示。

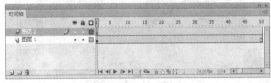

图 12-15　设置帧　　　　　　　　图 12-16　【动画编辑器】面板

(18) 按下 Ctrl+Enter 组合键，预览 3D 旋转相册动画效果，如图 12-17 所示。

图 12-17　预览动画效果

⑫.2　制作云朵飘动效果

新建文件，使用【工具】面板中的各种绘图工具，绘制云朵，创建【影片剪辑】元件，制作云朵在天空中飘动的动画效果。具体操作步骤如下。

（1）启动 Flash CS6 程序，选择【文件】|【新建】命令，新建一个文件。

（2）选择【矩形】工具，绘制一个矩形形状，删除矩形图形笔触，将大小设置为舞台默认大小，如图 12-18 所示。

（3）选择【颜料桶】工具，设置填充颜色为线性渐变色，打开【颜色】面板，设置渐变色，填充矩形图形，选择【渐变变形】工具调整渐变色，最后矩形填充颜色如图 12-19 所示。

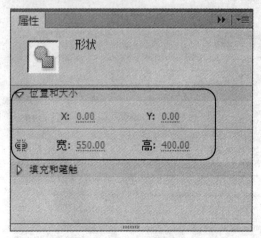

图 12-18　绘制矩形

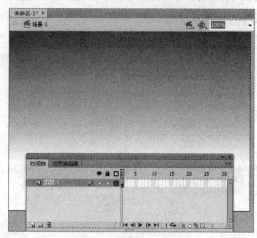

图 12-19　填充矩形颜色

（4）新建【图层 2】图层，然后选择【插入】|【新建元件】命令，新建一个【影片剪辑】元件。

（5）进入【影片剪辑】元件编辑模式，选择【铅笔】工具，绘制云朵图形轮廓，选择【颜料桶】工具，设置填充颜色为【放射性渐变色填充】，在【颜色】面板中设置渐变色，填充云朵颜色，删除云朵图形笔触，然后绘制其他大小和轮廓不相同的云朵图形，选中所有的云朵图形，按下 Ctrl+G 组合键组合图形，如图 12-20 所示。

（6）选中组合的图形，复制多个图形，选中所有图形，选择【修改】|【转换为元件】命令，转换为【图形】元件，如图 12-21 所示。

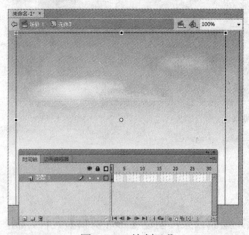

图 12-20　绘制云朵

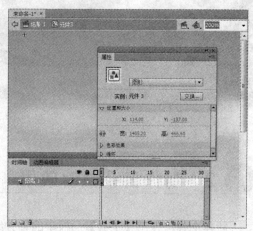

图 12-21　转换元件

(7) 在【图层 1】图层第 80 帧处插入关键帧，将【图形】元件拖动到舞台外右侧，如图 12-22 所示。

(8) 选中 1~80 帧，右击，在弹出的快捷菜单中选择【创建传统补间动画】，形成传统补间动画，如图 12-23 所示。

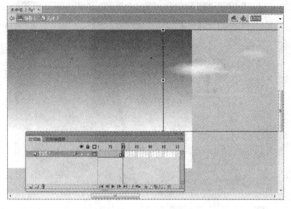

图 12-22　插入关键帧

图 12-23　创建传统补间动画

(9) 返回场景，新建【图层 3】图层，将该图层移至最顶层，导入【山丘】元件到舞台中，并调整图像合适大小和位置，如图 12-24 所示。

(10) 按下 Ctrl+Enter 组合键，测试动画效果为云朵在天空中飘动，如图 12-25 所示。

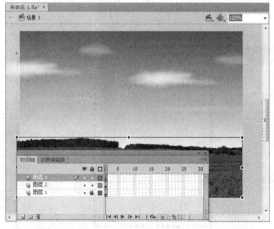

图 12-24　新建图层

图 12-25　测试动画效果

12.3　制作电子音乐贺卡

新建文件，应用绘图工具和【文本】工具，导入位图和音乐，结合补间动画和遮罩动画，制作电子音乐贺卡。具体操作步骤如下。

(1) 启动 Flash CS6 程序，选择【文件】|【新建】命令，新建一个文件。

(2) 选择【文件】|【导入】|【导入到舞台】命令，打开【导入】对话框，将名为【背景】的位图导入到舞台中，如图 12-26 所示。

(3) 打开其【属性】面板，设置尺寸为"550 像素×400 像素"，和舞台大小一致，然后调整图片位置，如图 12-27 所示。

图 12-26　【导入】对话框

图 12-27　调整图形

(4) 选择【插入】|【新建元件】命令，新建【祝福】影片剪辑元件。在编辑状态下，使用【矩形】工具绘制一个白色矩形，在【属性】面板中设置矩形【填充颜色】的 Alpha 透明度为 50%，【笔触颜色】为蓝色，【笔触大小】为 5，【笔触样式】为点状线，且矩形不为对象绘制形式，如图 12-28 所示。

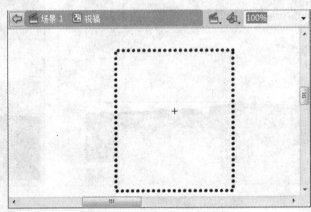

图 12-28　设置并绘制矩形

(5) 新建一个名为"文字"的图层，选择【文字】工具，打开其【属性】面板，选择【静态文本】选项，在【字符】组里设置【系列】为隶书，【大小】为 20，颜色为绿色。在矩形框下拖拉出一个文本框，在里面输入文字，如图 12-29 所示。

(6) 在【时间轴】面板上两个图层的第 500 帧上都插入帧，然后右击【文字】图层第 500 帧，在弹出的快捷菜单中选择【创建补间动画】命令，再将文字拖到矩形框的上方位置，如图 12-30 所示。

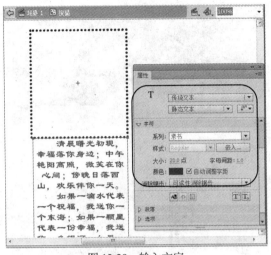

图 12-29 输入文字

图 12-30 创建补间动画

(7) 将【图层 1】改名为 "矩形"。新建【遮罩】图层，将【矩形】图层中的内容复制到该图层中。然后右击该图层，在弹出的快捷菜单中选择【遮罩层】命令，将其转换为遮罩图层，如图 12-31 所示。

(8) 返回【场景 1】，新建【祝福语】图层，将【库】面板中的【祝福】影片剪辑元件拖入到舞台，设置合适的位置，如图 12-32 所示。

图 12-31 创建遮罩层

图 12-32 新建图层

(9) 将【图层 1】改名为【背景】图层，新建【音乐】图层，选中第 1 帧，选择【文件】|【导入】|【导入到库】命令，打开【导入到库】对话框，选择 sound 音频文件，单击【打开】按钮，如图 12-33 所示。

(10) 打开【库】面板，将 sound 元件拖入到舞台中，如图 12-34 所示。

图 12-33　【导入到库】对话框

图 12-34　将声音文件拖入舞台

(11) 按 Ctrl+Enter 组合键，可以测试动画效果，如图 12-35 所示。

图 12-35　测试动画效果

12.4　制作放大镜效果

新建文件，输入脚本语言代码，导入位图文件，结合创建元件和遮罩动画，制作放大镜效果。具体操作步骤如下。

(1) 启动 Flash CS6 程序，选择【文件】|【新建】命令，新建一个文件。

(2) 选择【文件】|【导入】|【导入到库】命令，将两幅位图文件导入到【库】面板中，如图 12-36 所示。

(3) 选择【插入】|【新建元件】命令，新建一个名为"放大镜"的【图形】元件，然后在元件编辑模式中将【库】面板中的【放大镜.png】图形文件拖入到舞台，然后返回到【场景 1】，如图 12-37 所示。

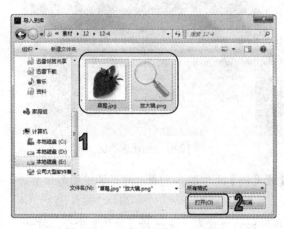

图 12-36　【导入到库】对话框

图 12-37　新建【放大镜】元件

(4) 选择【插入】|【新建元件】命令，新建一个名为"圆"的【图形】元件，使用【椭圆】工具在元件编辑模式中绘制一个填充色为红色的正圆，如图 12-38 所示。

(5) 选择【插入】|【新建元件】命令，新建一个名为 image 的【影片剪辑】元件，在元件编辑模式中将【库】面板中的【草莓.jpg】图形文件拖入到舞台，然后返回到【场景 1】，如图 12-39 所示。

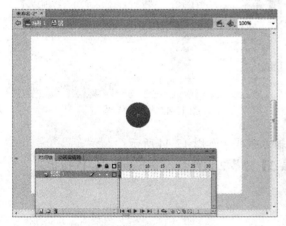

图 12-38　新建【圆】元件

图 12-39　新建 image 元件

(6) 选择【插入】|【新建元件】命令，新建一个名为 zoom 的【影片剪辑】元件，将【库】面板中的 image 元件拖入到舞台中，如图 12-40 所示。

(7) 新建【图层 2】图层，将【库】面板中的【圆】元件拖入到舞台中，然后右击【图层 2】，在弹出的快捷菜单中选择【遮罩层】命令，将其设置为遮罩图层，而【图层 1】则为被遮罩图层，如图 12-41 所示。

图 12-40 新建 zoom 元件

图 12-41 创建遮罩层

(8) 新建【图层 3】图层，将【库】面板中的【放大镜】元件拖入到舞台中，调整图形位置，如图 12-42 所示。

(9) 新建【图层 4】图层，在第 1 帧处右击，在弹出的快捷菜单中选择【动作】命令，打开【动作】面板，输入代码，如图 12-43 所示。

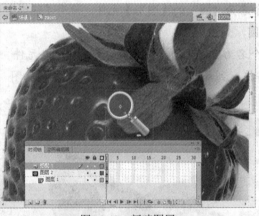

图 12-42 新建图层

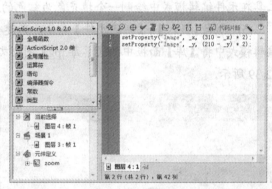

图 12-43 输入代码

(10) 同样在第 2 帧处的【动作】面板上，也输入代码，如图 12-44 所示。

(11) 分别在【图层 1】、【图层 2】、【图层 3】的第 2 帧处插入帧，如图 12-45 所示。

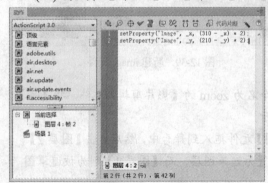

图 12-44 输入代码

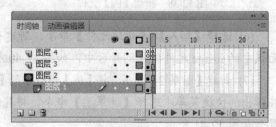

图 12-45 插入帧

(12) 返回【场景 1】，在【图层 1】图层里，将【库】面板中的【草莓.jpg】图形文件拖入到舞台中，并设置图形位置和大小，如图 12-46 所示。

(13) 新建【图层 2】图层，将【库】面板中的 room 元件拖入到舞台中，并设置实例位置，如图 12-47 所示。

图 12-46　设置图形

图 12-47　拖入元件

(14) 新建【图层 3】图层，选中第 1 帧，打开其【动作】面板，输入代码，如图 12-48 所示。

(15) 按下 Ctrl+Enter 组合键，测试动画效果：光标移动到的位置将会放大显示，如图 12-49 所示。

图 12-48　输入代码

图 12-49　测试动画效果

12.5　制作光盘界面

新建文件，应用导入位图文件、使用补间动画、编辑元件和图层等方法，来制作多媒体光盘界面效果。具体操作步骤如下。

(1) 启动 Flash CS6 程序，选择【文件】|【新建】命令，新建一个文档。

(2) 选择【修改】|【文档】命令，打开【文档设置】对话框，在该对话框中将文档的尺寸修改为"640 像素×480 像素"，如图 12-50 所示。

(3) 选择【文件】|【导入】|【导入到舞台】命令，打开【导入】对话框，选择【背景】位图文件，单击【打开】按钮，导入图片到舞台中并调整其位置，如图 12-51 所示。

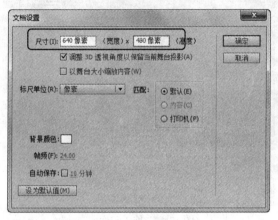

图 12-50　【文档设置】对话框

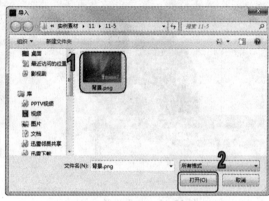

图 12-51　【导入】对话框

(4) 新建【图层 2】图层，选择【文本】工具，在其【属性】面板上设置为传统文本的静态文本，【系列】为华文琥珀字体，【大小】为 28，【颜色】为蓝灰色，输入文本"Windows 7安装界面"，调整其位置。然后在【属性】面板中将字体【大小】调成 20，【颜色】为【白色】，在舞台中输入一系列文本，如图 12-52 所示。

(5) 选择【基本矩形】工具，在舞台上绘制矩形。打开其【属性】面板，设置笔触颜色为【灰色】，填充颜色设置为线性渐变蓝色，【矩形选项】里输入 10，使其成为圆角矩形图形，如图 12-53 所示。

图 12-52　输入文本

图 12-53　设置矩形属性

(6) 使用【渐变变形】工具，调整圆角矩形图形渐变色，右击圆角矩形图形，在弹出的快捷菜单中选择【下移一层】命令，然后将圆角矩形图形移至文本内容"1.安装 Windows 7"下方，如图 12-54 所示。

(7) 复制多个圆角矩形图形，移至其他文本内容下方，如图 12-55 所示。

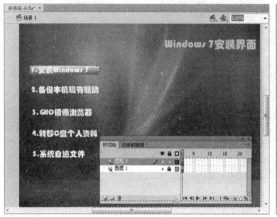

图 12-54　设置圆角矩形　　　　　　　　　　图 12-55　复制圆角矩形

(8) 选中文本内容"1.安装 Windows 7"和下一层的圆角矩形图形，选择【修改】|【转换为元件】命令，转换为【元件 1】按钮元件。重复操作，将其他文本内容和对应下一层的圆角矩形图形转换为【元件 2】、【元件 3】、【元件 4】和【元件 5】按钮元件，如图 12-56 所示。

(9) 双击【元件 1】按钮元件，打开元件编辑模式，在【指针】帧处插入关键帧，如图 12-57 所示。

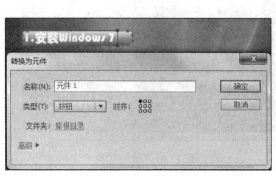
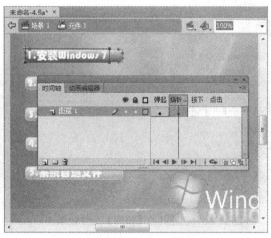

图 12-56　转换为按钮元件　　　　　　　　　图 12-57　插入关键帧

(10) 选中【指针】帧处的圆角矩形图形，打开其【颜色】面板，调整图形的渐变色，如图 12-58 所示。

计算机 基础与实训教材系列

(11) 在【按下】帧处插入关键帧，选中该帧处的对象，按下方向键，向下移动 3~5 个像素点位置，如图 12-59 所示。

图 12-58 调整矩形颜色　　　　　　　　　　图 12-59 插入关键帧

(12) 返回场景，按照前面相同的步骤，创建其他【按钮】元件效果。在进行其他【按钮】元件编辑操作时，可以复制【元件 1】按钮元件【指针】处的圆角矩形图形，粘贴到其他【按钮】元件【指针】关键帧处的初始位置，然后下移一层图形，此操作可以保证统一的渐变效果，如图 12-60 所示。

(13) 返回场景，新建【图层 3】图层，选中【文件】|【导入】|【导入到舞台】命令，选择【彩叶】文件导入到舞台中，然后用【任意变形工具】调整其大小，如图 12-61 所示。

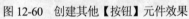

图 12-60 创建其他【按钮】元件效果　　　　　图 12-61 导入图形

(14) 选中图像，选择【修改】|【转换为元件】命令，转换为【影片剪辑】元件，如图 12-62 所示。

(15) 双击打开元件编辑模式，右击【图层 1】图层，在弹出的快捷菜单中选择【添加传统运动引导层】命令，创建引导层，如图 12-63 所示。

图 12-62　转换元件

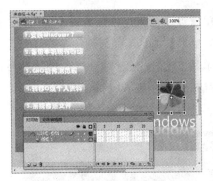

图 12-63　创建引导层

(16) 选中引导层，选择【铅笔】工具，绘制引导曲线，如图 12-64 所示。

(17) 在引导层第 60 帧处插入帧，在【图层 1】图层第 60 帧处插入关键帧。选中【图层 1】图层第 1 帧处的图像，移至引导曲线一端并贴紧，选中【图层 1】图层第 60 帧处的图像，移至引导曲线另一端，如图 12-65 所示。

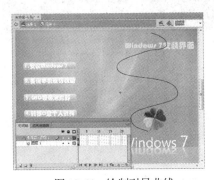

图 12-64　绘制引导曲线

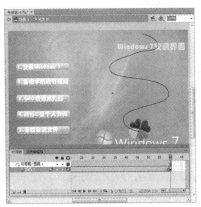

图 12-65　图形贴紧引导曲线

(18) 创建【图层 1】图层第 1 到 60 帧之间的传统补间动画，如图 12-66 所示。

(19) 返回场景，右击【库】面板中的【元件 6】元件，在弹出的快捷菜单中选择【直接复制】命令，直接复制元件，如图 12-67 所示。

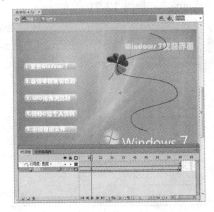

图 12-66　创建传统补间动画

图 12-67　直接复制元件

（20）重复上面操作，再复制 1 个元件，然后将复制的元件拖动到【图层 3】的舞台中，选择【任意变形】工具，分别调整各个【影片剪辑】元件的大小、旋转等，如图 12-68 所示。

（21）按下 Ctrl+Enter 组合键，测试动画效果，可以单击里面的标签按钮，并不断有彩叶从上往下飘落，如图 12-69 所示。

图 12-68　创建传统补间动画

图 12-69　测试动画效果

12.6　制作全景图片

新建文档，应用导入位图文件，绘制编辑元件，使用动作脚本，制作全景图片的浏览效果。具体操作步骤如下。

（1）启动 Flash CS6 程序，选择【文件】|【新建】命令，新建一个 ActionScript 2.0 文档。

（2）选择【修改】|【文档】命令，打开【文档设置】对话框，在该对话框中将文档的【尺寸】修改为"600 像素×400 像素"，【帧频】设置为 60，如图 12-70 所示。

（3）选择【插入】|【新建元件】命令，打开【创建新元件】对话框，创建一个名为 photo 的影片剪辑元件，在【高级】选项【标识符】中输入"photo"，如图 12-71 所示。

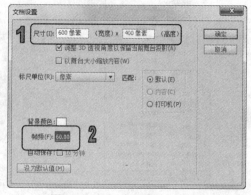

图 12-70　【文档设置】对话框

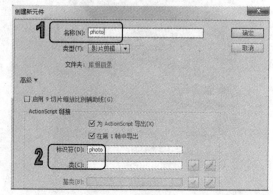

图 12-71　【创建新元件】对话框

(4) 选择【文件】|【导入】|【导入到舞台】命令，选择 photo.png 图形文件，单击【打开】按钮将其导入舞台，如图 12-72 所示。

(5) 打开【属性】面板，将位图的 XY 坐标值都设置为 "0"，如图 12-73 所示。

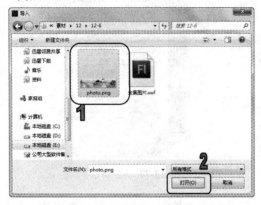

图 12-72　【导入】对话框

图 12-73　【属性】对话框

(6) 返回场景，选择【插入】|【新建元件】命令，创建名为 "btn" 的影片剪辑元件，在【高级】选项的【标识符】中输入 "btn"，单击【确定】按钮，如图 12-74 所示。

(7) 选择【矩形】工具，设置其【边角半径】为 "15"，绘制填充色为灰色的圆角矩形，并删除右侧圆角部分，如图 12-75 所示。

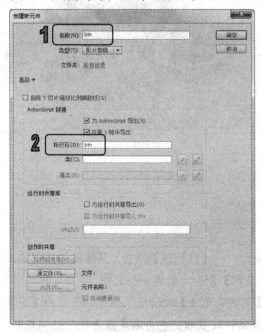

图 12-74　新建元件

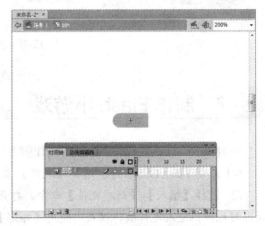

图 12-75　绘制圆角矩形

(8) 选择【线条】工具，绘制填充色为白色的三角形，然后放置在圆角矩形上，如图 12-76 所示。

(9) 返回场景，选择第 1 帧，在【动作】面板上输入代码，如图 12-77 所示。

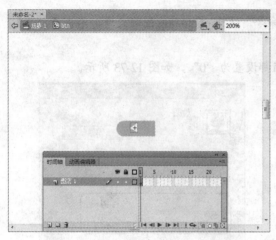

图 12-76　绘制三角形　　　　　　　　　　　　　　图 12-77　输入代码

(10) 按下 Ctrl+Enter 组合键，测试动画效果，随鼠标左右移动，可以浏览全景图片，如图 12-78 所示。

图 12-78　测试动画效果

⑫.7　制作 Flash 小游戏

　　新建文件，应用绘图工具，使用动作脚本，制作一个【打地鼠】游戏。具体操作步骤如下。

　　(1) 启动 Flash CS6 程序，选择【文件】|【新建】命令，新建一个文件。

　　(2) 选择【插入】|【新建元件】命令，打开【创建新元件】对话框，创建一个名为【背景】的图形元件，进入元件编辑模式，使用【矩形】工具，设置填充色为渐变浅青色，绘制矩形，如图 12-79 所示。

　　(3) 新建【图层 2】图层，使用【矩形】工具，设置填充色为绿色，绘制矩形，并调整其位置和大小。此时，草地和天空绘制效果如图 12-80 所示。

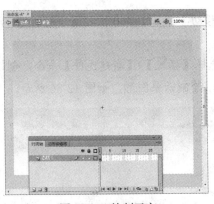

图 12-79　绘制天空

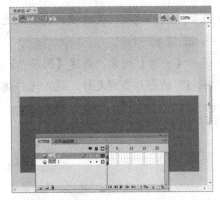

图 12-80　绘制草地

(4) 新建【图层 3】图层，使用【椭圆】工具，设置填充色为渐变咖啡色，绘制地洞，并调整其位置和大小，如图 12-81 所示。

(5) 新建【图层 4】图层，使用绘图工具，绘制地洞装饰性外圈图形，并调整其位置和大小，如图 12-82 所示。

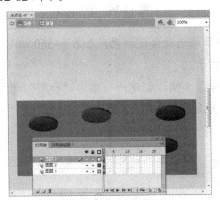

图 12-81　绘制地洞

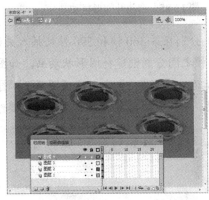

图 12-82　绘制地洞外圈

(6) 继续新建图层，使用 Deco 工具和【刷子】工具绘制小草和泥块，如图 12-83 所示。

(7) 新建【图层 6】图层，选择【插入】|【新建元件】命令，创建一个名为"云 1"的影片剪辑元件，进入元件编辑模式，绘制云朵图形，如图 12-84 所示。

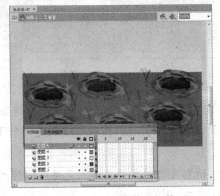

图 12-83　绘制小草和泥块

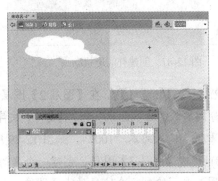

图 12-84　绘制云朵

(8) 在第 460 帧处插入关键帧，将云朵进行合适移动，在第 1~460 帧之间分别创建补间形状动画，如图 12-85 所示。

(9) 返回【背景】场景，新建【图层7】图层，选择【插入】|【新建元件】命令，创建一个名为"云 2"的影片剪辑元件，进入元件编辑模式，绘制云朵图形，如图 12-86 所示。

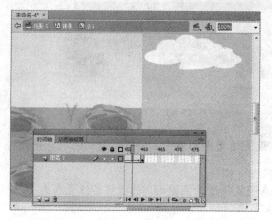

图 12-85　创建补间形状动画

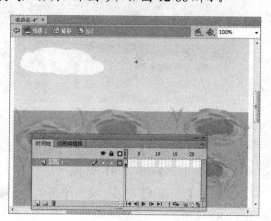

图 12-86　绘制云朵

(10) 分别在第 360 帧和 590 帧处插入关键帧，将云朵进行合适移动，在第 1~360 帧以及第 361~590 帧之间分别创建补间形状动画，如图 12-87 所示。

(11) 返回【场景 1】，新建【图层 2】图层，选择第 1 帧，创建一个名为"标题"的影片剪辑元件，进入元件编辑模式，用绘图工具绘制"打地鼠" 3 个字，如图 12-88 所示。

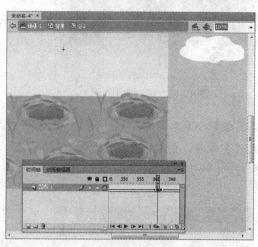

图 12-87　创建补间形状动画

图 12-88　绘制文字

(12) 返回【场景 1】，在【图层 2】图层的第 3 帧，使用【文本】工具，创建两个静态文本框，分别输入"游戏结束"和"得分"，文字颜色分别为橘色和黑色。然后继续创建一个 TLF 可选文本框，输入文本"100"，如图 12-89 所示。

(13) 新建【图层 3】图层，创建一个名为"地鼠"的影片剪辑元件，进入元件编辑模式，使用绘图工具，绘制一个地鼠的卡通图像，如图 12-90 所示。

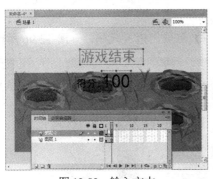

图 12-89　输入文本

图 12-90　绘制地鼠

(14) 新建【图层 2】图层，创建一个名为"透明按钮"的按钮剪辑元件，进入元件编辑模式，在【点击】帧上绘制椭圆按钮，制作一个隐藏按钮，如图 12-91 所示。

(15) 返回【场景 1】，在【图层 3】第 3 帧处创建一个名为"再来一次"的按钮剪辑元件，进入元件编辑模式，制作如图 12-92 所示的按钮元件。

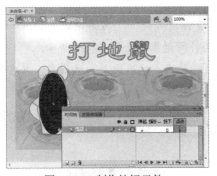

图 12-91　制作按钮元件 1

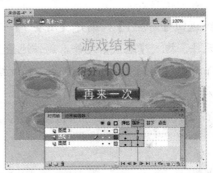

图 12-92　制作按钮元件 2

(16) 返回【场景 1】，新建【图层 4】图层，创建一个名为"开始"的影片剪辑元件，进入元件编辑模式，创建静态文本框，输入"开始游戏"文本，并进行颜色和滤镜的设置，如图 12-93 所示。

(17) 返回【场景 1】，新建【图层 5】图层，创建一个名为"锤动画"的影片剪辑元件，在里面创建一个名为"锤子"的影片剪辑元件，绘制锤子图形，如图 12-94 所示。

图 12-93　输入文本

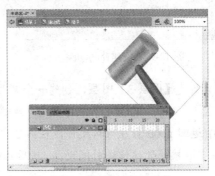

图 12-94　绘制锤子图形

计算机基础与实训教材系列

(18) 返回【锤动画】，将【锤子】元件拖入舞台，使用 3D 工具创建捶地的动作，创建补间动画，如图 12-95 所示。

(19) 新建【图层2】图层，在第 1 帧处打开【动作】面板，输入代码，如图 12-96 所示。

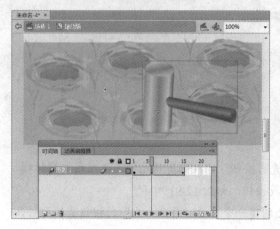

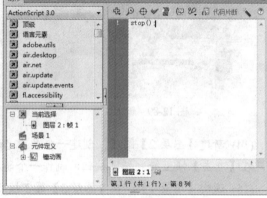

图 12-95　创建补间动画　　　　　图 12-96　输入代码

(20) 返回【场景 1】，新建【图层7】图层，在第 2 帧处创建一个名为"地鼠动画"的影片剪辑元件，拖入【地鼠】元件，制作地鼠上下移动的补间动画，如图 12-97 所示。

(21) 新建【图层2】图层，在第 1 帧处绘制黑色梯形形状，然后设置为遮罩层，并在第 20 帧处插入帧，如图 12-98 所示。

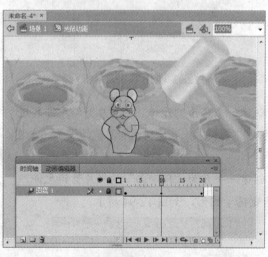
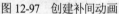

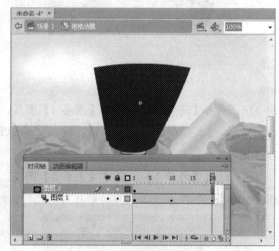

图 12-97　创建补间动画　　　　　图 12-98　创建遮罩层

(22) 新建【图层3】图层，创建一个名为 good 的影片剪辑元件，在第 8 帧处创建名为 gd 的图形元件，绘制"GOOD"文字图形，如图 12-99 所示。

(23) 返回 good 影片剪辑元件，在第 2 帧处将 gd 元件缩小，在第 8 帧处 gd 元件保持原始大小，在 2~8 帧处创建传统补间动画，然后在第 1 帧处打开【动作】面板，输入代码，如图 12-100 所示。

图 12-99　创建图形元件

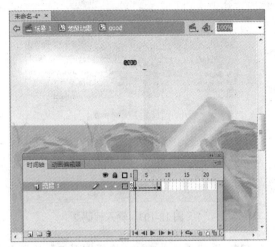

图 12-100　设置 good 元件

(24) 返回【地鼠动画】影片剪辑元件，在【图层 3】第 20 帧处插入帧，并锁定【图层 2】和【图层 1】，如图 12-101 所示。

(25) 创建 Action 图层，在第 1 帧处打开【动作】面板，输入代码，如图 12-102 所示。

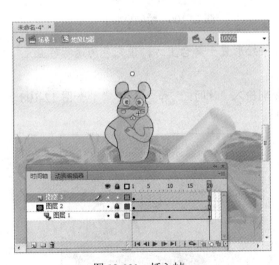

图 12-101　插入帧

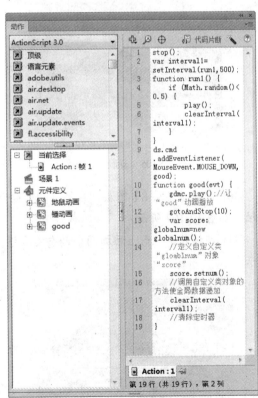

图 12-102　输入代码 1

计算机基础与实训教材系列

(26) 在 Action 图层的第 10 帧处打开【动作】面板，输入代码，如图 12-103 所示。

(27) 在 Action 图层第 9 帧和第 20 帧处分别插入空白帧，如图 12-104 所示。

图 12-103 输入代码 2

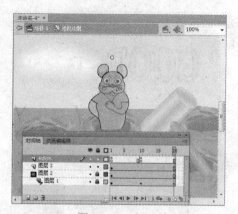
图 12-104 插入帧

(28) 返回【场景 1】，将【图层 7】放置在【图层 2】和【图层 1】之间，并在【图层 7】中复制多个【地鼠动画】元件，放置在地洞上面，如图 12-105 所示。

(29) 在【图层 7】第 3 帧处绘制一个白色矩形，第 1 帧处插入空白帧如图 12-106 所示。

图 12-105 复制多个元件

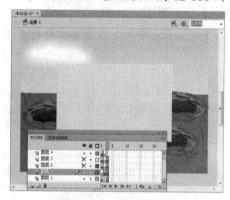
图 12-106 绘制矩形 1

(30) 创建【图层 8】图层，在第 2 帧处绘制长条矩形置于舞台上方，填充色为透明色且无笔触，如图 12-107 所示。

(31) 在该长条矩形上添加两个静态文本框，分别输入"时间："和"得分："，如图 12-108 所示。

图 12-107 绘制矩形 2

图 12-108 添加静态文本

（32）在该长条矩形上添加两个 TLF 可选文本框，并在【图层8】第3帧插入帧，第1帧插入空白帧，如图 12-109 所示。

（33）新建【图层6】图层，在第1帧处打开【动作】面板，输入代码，用来响应鼠标事件，如图 12-110 所示。

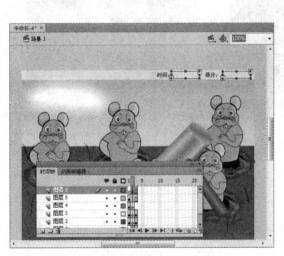

图 12-109　添加 TLF 文本

图 12-110　输入代码 1

（34）在【图层6】图层的第2帧处打开【动作】面板，输入代码，调用类来显示信息，如图 12-111 所示。

（35）在【图层6】图层的第3帧处打开【动作】面板，输入代码，用来显示游戏完成信息，并能返回游戏开始场景，如图 12-112 所示。

图 12-111　输入代码 2

图 12-112　输入代码 3

（36）按下 Ctrl+Enter 键，测试动画效果，玩打地鼠小游戏，如图 12-113 所示。

 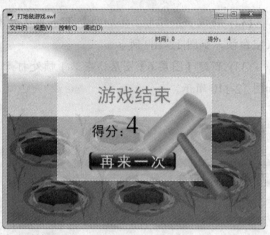

图 12-113　测试动画效果